ZEITSCHRIFT FÜR ANGEWANDTE GEOLOGIE

HERAUSGEGEBEN VON

DER STAATLICHEN GEOLOGISCHEN KOMMISSION

UND DER ZENTRALEN VORRATSKOMMISSION

DER DEUTSCHEN DEMOKRATISCHEN REPUBLIK

AUS DEM INHALT

AKADEMIE-VERLAG · BERLIN

BAND 5 / HEFT 2
FEBRUAR 1959
SEITE 49–96

INHALT

Die ZEITSCHRIFT FÜR ANGEWANDTE GEOLOGIE berichtet ständig ausführlich über folgende Arbeitsgebiete: Geologische Grundlagenforschung und Lagerstättenforschung / Methodik der geologischen Erkundung / Ökonomie und Planung der geologischen Erkundung / Technik der geologischen Erkundung / Geologie und Lagerstättenkunde im Ausland / Bibliographie, Verordnungen, Richtlinien, Konferenzen, Personalnachrichten

Die ZEITSCHRIFT FÜR ANGEWANDTE GEOLOGIE ist kein Organ einer engen Fachgruppe. Auf ihren Seiten können alle strittigen Fragen der praktischen Geologie behandelt werden. Die Autoren übernehmen für ihre Aufsätze die übliche Verantwortung

---

Herausgeber: Staatliche Geologische Kommission und Zentrale Vorratskommission für mineralische Rohstoffe der Deutschen Demokratischen Republik. Chefredakteur: Prof. Dr. Erich Lange, Berlin. Redaktion: Berlin N 4, Invalidenstraße 44. Verlag: Akademie-Verlag GmbH, Berlin W 8 Mohrenstraße 39 (Fernsprecher 200386, Postscheckkonto: Berlin 35021). Bestell- und Verlagsnummer des Heftes: 1047/5/2. Die „Zeitschrift für angewandte Geologie" erscheint monatlich. Bezugspreis 2,– DM je Heft. – Satz und Druck: Druckhaus „Maxim Gorki", Altenburg. Veröffentlicht unter der Lizenznummer ZLN 5008 des Ministeriums für Kultur, Hauptverwaltung Verlagswesen. Karten: MdI der DDR Nr. 4422, 4465, 4532 / K 11. Printed in Germany.

ZEITSCHRIFT FÜR ANGEWANDTE GEOLOGIE

CHEFREDAKTEUR: PROF. DR. E. LANGE

BAND 5 · FEBRUAR 1959 · HEFT 2

Erste Ökonomische Konferenz der Staatlichen Geologischen Kommission am 4.11.58 in Leipzig

Tagungsbericht

Am 4. November 1958 fand in Leipzig die Erste Ökonomische Konferenz der Staatlichen Geologischen Kommission, ihrer Institutionen und Betriebe statt. Etwa 350 Arbeiter, Techniker, Wissenschaftler und Wirtschaftsfunktionäre berieten über die Hauptaufgaben, die sich in den nächsten Jahren für die Staatliche Geologische Kommission beim Aufbau des Sozialismus ergeben.

Auf der Galerie des Versammlungsraumes wurde in kleinen Ausstellungen ein Einblick in die bisherige Arbeit der Staatlichen Geologischen Kommission und ihrer Betriebe und ein Überblick der neuesten Fachliteratur geboten.

Bei der Eröffnung der Konferenz begrüßte der Leiter der Abteilung Geologische Dienste des Zentralen Geologischen Dienstes, Dipl.-Geol. WAMSER, neben allen anderen Teilnehmern insbesondere den Leiter der Abt. Grundstoffindustrie der Staatlichen Plankommission, Minister STEINWAND, den Vertreter des Zentralkomitees der Sozialistischen Einheitspartei Deutschlands, KÜHNRIG, den Vertreter der IG Bergbau BLEIBAUM sowie die Angehörigen der Universitäten, Hochschulen und anderer mit der geologischen Arbeit verbundenen Institutionen.

Die Grundlage für die Diskussionen des Nachmittags bildeten neben den der Konferenz vorausgegangenen Besprechungen die beiden am Vormittag gehaltenen Referate.

Zuerst sprach Minister STEINWAND über „Die Beschlüsse des V. Parteitages und die Arbeit auf dem Gebiet der Geologie". Der Minister wies vor allem auf die Direktive des V. Parteitages der Sozialistischen Einheitspartei Deutschlands hin, den Pro-Kopf-Verbrauch Westdeutschlands bis 1961 in der Deutschen Demokratischen Republik zu übertreffen. Daraus ergibt sich für die Arbeit der Staatlichen Geologischen Kommission die große Verpflichtung, die Rohstoffgrundlage unserer Industrie zu sichern und zu verbessern. Besonderer Anstrengungen bedarf es, um die Aufgabe des Planes, 1965 eine Eigenförderung von 1 Mill. t Erdöl zu erreichen, zu lösen. Diese Erdölgewinnung hat im Rahmen des im November 1958 beschlossenen „Chemie-Programms" erhöhte Bedeutung erlangt.

Abb. 1. Das Präsidium während der Verpflichtungsabgabe einer Bohrbrigade des VEB Erdöl und Erdgas

Abb. 2. Ausstellungsstücke des Instituts für angewandte Mineralogie

Der Minister hob hervor, daß die uns gestellten Aufgaben nur gelöst werden können, wenn alle Beteiligten die Wichtigkeit derselben erkennen, persönliche Vorteile zurückstellen und sich mit ganzer Kraft für die Planerfüllung einsetzen.

Anschließend folgte das Referat des Leiters der Staatlichen Geologischen Kommission, Dipl.-Berging.-Geol. STAMMBERGER, „Die Veränderung der Struktur und Arbeitsweise der Staatlichen Geologischen Kommission und Maßnahmen zur Verbesserung der geologischen Arbeiten".

Kernpunkt der Strukturveränderung bildet die Trennung der staatlichen Verwaltungsaufgaben auf dem Gebiet der Geologie, die von der Staatlichen Geologischen Kommission wahrgenommen werden, von der Durchführung der operativen praktischen und wissenschaftlichen Aufgaben, die dem Zentralen Geologischen Dienst obliegen. Dem Zentralen Geologischen Dienst sind die bestehenden Geologischen Dienste in Jena, Freiberg, Halle, Berlin und Schwerin angegliedert.

In diesem Zusammenhang werden als besondere Schwerpunkte in der geologischen Arbeit neben der

Suche nach Erdöl die Lagerstättenerkundung, die Kartierung und die Grundlagenforschung vom Zentralen Geologischen Dienst wahrgenommen.

Wie der Referent betonte, wird sich aber die Strukturveränderung nur dann fruchtbringend auf die wissenschaftliche und praktische Arbeit auswirken, wenn eine sinnvolle Planung und Koordinierung, eine komplexe Bearbeitung der Probleme erfolgt. Nicht zuletzt wird eine engere Zusammenarbeit mit den Instituten der Hochschulen notwendig sein, um einerseits die Institute an der Lösung der Aufgaben, die der Staatlichen Geologischen Kommission gestellt sind, zu beteiligen und um andererseits eine der Praxis besser gerecht werdende Ausbildung des wissenschaftlichen Nachwuchses zu gewährleisten.

Bei der Beurteilung des Erreichten ist in Zukunft von der sogenannten Meter-Ideologie abzukommen, d. h. nicht die Meterzahl einer Bohrung, sondern das Ergebnis ihrer vielseitigen und gründlichen geologischen Auswertung ist ein Maßstab vollwertiger Arbeit. Das bedeutet allerdings nicht, daß die Bohrleistung und ihre Rentabilität nicht wesentlich erhöht werden müssen.

Während des Konferenzverlaufes überbrachten zwei Delegationen des VEB Erdöl und Erdgas bzw. des VEB Geologische Bohrungen Verpflichtungen der Bohrkumpel zu Ehren der Ersten Ökonomischen Konferenz, die mit starkem Beifall aufgenommen wurden. Es verpflichteten sich die Brigaden der Bohranlagen 10 und 22 des VEB Erdöl und Erdgas, 1958 5000 m zu bohren und 1959 mit den gleichen Geräten unter Anwendung neuer Arbeitsmethoden 6500 Bohrmeter niederzubringen.

An die gleichzeitig in den Leuna-Werken tagende Chemie-Konferenz wurde ein Grußtelegramm gerichtet.

Am Nachmittag kamen während der mehrstündigen Diskussion mehr als 20 Redner zu Wort. Aus fast allen Beiträgen ging das ernsthafte Bemühen der Arbeiter, Techniker und Wissenschaftler hervor, die in den Referaten und Vorbesprechungen zur Konferenz behandelten Probleme und Vorschläge lösen zu helfen. Es wurde sehr viel Kritik geübt, aber fast stets wurden auch Vorschläge zur Überwindung der Schwierigkeiten gemacht.

Leider konnten zahlreiche Diskussionsredner wegen des auftretenden Zeitmangels nicht zu Wort kommen. Diese Beiträge wurden jedoch schriftlich eingereicht und werden zusammen mit den vorgetragenen Anregungen von einer Kommission ausgewertet.

Abb. 3. Minister STEINWAND im Gespräch während der Konferenzpause (Fotos K. ZASTROW)

Abschließend darf gesagt werden, daß vor allem die rege Teilnahme an der vielseitigen Diskussion, die Aufgeschlossenheit und der Ernst der Tagungsteilnehmer erkennen ließen, daß die Erste Ökonomische Konferenz alle, die sie miterlebt haben, nachhaltig beeindruckt hat und zweifellos zur Verbesserung der Arbeit auf geologischem Gebiet führen wird. Die Entschlossenheit der Versammelten, das zu erreichen, fand in der einhellig gebilligten Arbeitsentschließung beredten Ausdruck.

R. BENEK

Auszüge aus dem Referat des Leiters der Staatlichen Geologischen Kommission, Dipl.-Berging.-Geol. F. STAMMBERGER

Trotz unserer großen Braunkohlen- und Kalilagerstätten ist die Deutsche Demokratische Republik heute im wesentlichen noch ein rohstoffarmes Land; es fehlen Kokskohlen und Eisenerze, Erdöl und Erdgas, ausreichende Buntmetallvorräte und vieles andere.

Das Rohstoffproblem der Deutschen Demokratischen Republik zu lösen ist eine Aufgabe, die vor allem uns und erst bei unserem Unvermögen dem Außenhandel gestellt ist. Die Verbesserung der Rohstofflage unserer Republik muß unser Beitrag zur Lösung der ökonomischen Hauptaufgaben beim Aufbau des Sozialismus sein.

Allerdings erfordert eine solche Zielsetzung eine wesentliche Änderung in der Methodik unserer Arbeit:

1. Wir müssen bei der Erkundung tiefere Stockwerke erfassen. Die von uns noch zu entdeckenden Lagerstätten der Deutschen Demokratischen Republik werden fast ausnahmslos zu jenem Typ gehören, der nicht zutage ausbeißt und den Erkunder vor neue spezifische Schwierigkeiten stellt.

2. Wir müssen endlich den Mut finden, uns vom Erzgebirge, dem Thüringer Wald und dem Harz aus ins Vorland und ins Flachland vorzuwagen. Das ist zwar in der Vergangenheit schon von einzelnen Geologen gefordert, jedoch bisher nur ungenügend beachtet worden.

3. Wir müssen ferner komplex arbeiten und unbedingt trotz aller Zielstrebigkeit jede Einseitigkeit vermeiden. Nur so erhalten wir wichtige Hinweise und erfüllen unsere geologische Pflicht.

*

Seit Bestehen der Deutschen Demokratischen Republik, d. h. seit dem Jahre 1949 bis einschließlich 1957, wurden für geologische Erkundung und Forschung nur im Rahmen der Staatlichen Geologischen Kommission über 456 Millionen DM ausgegeben. Im Jahre 1958 standen uns weitere 90 Mio DM zur Verfügung, wobei bis zum Zeitpunkt unsrer Konferenz eine Übererfüllung des Planes von etwa 10% erreicht wurde. Bis Ende des Jahres 1958 hat die Staatliche Geologische Kommission somit weit über 550 Mio DM für ihre Untersuchungen vom Staat erhalten; im Jahre 1959 werden es 105 Mio und mehr DM sein.

*

Geologische Arbeit ist wissenschaftliche Arbeit. Sie bleibt wissenschaftliche Arbeit auch als angewandte Geologie. In diesem Sinne kann die Arbeit des Geologen mit der Arbeit des Arztes verglichen werden. Ebensowenig wie die Leistung eines Arztes danach beurteilt werden kann, wie groß der Pillen- oder Arzneiverbrauch seiner Patienten ist, sowenig kann der Gradmesser der geologischen Leistung in der Staatlichen Geologischen Kommission die Summe der verbrauchten Mittel, die Anzahl der niedergebrachten Bohrmeter, die Länge der Querschläge und Erkundungsstrecken, die Zahl der Seismogramme bzw. die Anzahl der Meßpunkte der Geophysiker sein. Unsere Arbeit ist im wesentlichen intellektuelle Arbeit, wissenschaftliche Arbeit im besten Sinne des Wortes. Die Leistung der Geologen kann daher nur am Ergebnis der Arbeit gemessen werden, dem Ergebnis der Grundlagenforschung, der Anzahl der herausgegebenen bzw. revidierten Kartenblätter, an den festgestellten und der Wirtschaft übergebenen Lagerstättenvorräten.

*

Die moderne geologische Erkundung und Forschung setzt zur Lösung der gestellten Aufgaben viele technische Hilfsmittel ein; sie ist äußerst vielseitig in ihrer Methodik; sie mobilisiert zu ihrer Durchführung große Arbeitskollektive. Dies findet bei uns seinen Ausdruck in der Existenz der volkseigenen Betriebe Geologische Bohrungen, Erdöl und Erdgas, Schachtbau und Geophysik.

Es ist vielleicht nicht überflüssig, bei dieser Gelegenheit zu bemerken, daß es sich bei dem VEB Geologische Bohrungen um einen Großbetrieb mit einer Belegschaftsstärke von fast 3400 Kollegen und bei VEB Erdöl und Erdgas um einen heute schon fast ebenbürtigen Betrieb mit 2400 Belegschaftsmitgliedern handelt. Insgesamt sind in den Betrieben und Institutionen der Staatlichen Geologischen Kommission ohne den VEB Schachtbau rund 7700 Menschen auf dem Gebiet der geologischen Erkundung und Forschung tätig.

Diese Zahlen charakterisieren zugleich den gewaltigen Umfang, den die geologische Forschung und Erkundung in der DDR angenommen hat. Kollektive von 2000 bis 3000 Arbeitern und Angestellten können jedoch nicht ohne Plan und strenge Betriebsorganisation arbeiten. Das führte leider in der Vergangenheit dazu, daß Meter, Meßpunkte u. ä. als Abrechnungs- und Planeinheit das geologische Ziel zuweilen in den Hintergrund drängten.

*

Wenn man bereit ist, die moderne geologische Erkundung als einen Industriezweig besonderer Prägung anzusehen, muß man auch bereit sein, gewisse industrielle Kategorien auf die Besonderheiten unserer Arbeit anzuwenden. Dann ergibt sich, daß wir nur wissenschaftlich bearbeitetes Material, z. B. wissenschaftlich bearbeitete Bohrkerne, bei uns als vollendete Produktion bezeichnen dürfen, daß unbearbeitete Kerne, nicht interpretierte geologische Profile usw. als unvollendete Produktion nicht in die Planerfüllung unserer Betriebe und Dienste eingehen dürfen.

Mehr noch. Unter diesem Gesichtspunkt können wir als Ausschuß der geologischen Arbeit bezeichnen:

1. Bohrungen, die ihr geologisches Ziel nicht erreicht haben,
2. falsche bergmännische Auffahrungen,
3. falsche bzw. unkontrollierte Bemusterungen,
4. unvollständige Ergebnisberichte,
5. unrichtige, von der ZVK nicht bestätigte Vorratsberechnungen.

*

Erst wenn wir zur Ausarbeitung echter geologischer Projekte übergehen, kann eine wirkliche und echte geologische Planung erfolgen. Dazu gehören nicht nur die Ansatzpunkte der Bohrungen oder die Bohrmeter, sondern alle vorauszusehenden Untersuchungen und Arbeiten. Mikroskope und Schleifmaschinen müssen ebenso eingeplant werden wie Bohrgeräte und Kernkisten. Selbstverständlich und nicht zuletzt ist die notwendige Zahl und die Fachrichtung der Bearbeiter vorzusehen.

*

Trotz der Fortschritte, die unsere Bohrbetriebe, insbesondere der VEB Erdöl und Erdgas, hinsichtlich der Leistungen pro Gerät und Jahr zweifellos aufzuweisen haben, befriedigt gegenwärtig die Ausnutzung der Anlagen nicht. Eine Überprüfung zeigt, daß die reine Bohrzeit, d. h. die Zeit der Meißelarbeit, mit ganz geringen Ausnahmen unter 30% der Gesamtzeit liegt. Daraus kann nur eine Schlußfolgerung gezogen werden, nämlich die, daß die Neben- und Hilfsarbeiten und vor allem die Warte- und Stillstandszeiten viel zu hoch sind.

Es muß offen ausgesprochen werden, daß unsere Betriebe noch keinen wirklichen Kampf um die Mobilisierung dieser großen Reserven führen. Das geht u. a. aus den Planleistungen für das kommende Jahr hervor. Hier haben die Arbeiter und Ingenieure des VEB Erdöl und Erdgas im Bohrfeld eine wesentliche Korrektur der vorgeschlagenen Planaufgabe vorgenommen. Sie verpflichteten sich, mit der gleichen Anzahl an Geräten, d. h. mit der gleichen Anzahl beschäftigter Bohrarbeiter, statt 90000 Meter rund 125000 Bohrmeter niederzubringen. Verglichen mit dem Plan für 1958 ist das eine durchschnittliche Leistungssteigerung von rund 42%. Diese zusätzliche Leistung unserer Kollegen vom VEB Erdöl und Erdgas ist mehr als das, was wir in den Jahren 1951, 1952 und 1953 auf diesem Erkundungssektor realisieren konnten.

*

Gegenwärtig verfügen die Institute und Betriebe der Staatlichen Geologischen Kommission über fast 500 Hochschulkader der verschiedenen Fachrichtungen und beinahe ebensoviel Fachschulkader. Darunter sind zur Zeit 336 Diplom-Geologen und Diplom-Mineralogen und genau 100 Geologie-Ingenieure. Bis zum Jahre 1965 werden nicht weniger als 280 Hochschulkader und über 300 Fachschulabsolventen zu uns stoßen, darunter 190 Diplom-Geologen und -Mineralogen und etwas über 100 Geologie-Ingenieure.

Die Hauptaufgabe der Staatlichen Geologischen Kommission ist es, bis zum Jahre 1965 die Voraussetzungen für eine für die Volkswirtschaft spürbare eigene Erdöl- und Erdgasförderung zu schaffen.

Der Erdölbedarf in der Deutschen Demokratischen Republik kann mit etwa 10—12 Mio t angesetzt werden. Als Vergleich dazu sei die Bundesrepublik angeführt, die rund 26 Mio t importiert und 4 Mio t aus eigener Förderung bereitstellt. Im Jahre 1965 wird die DDR über die projektierte Erdölleitung aus der Sowjetunion 4,8 Mio t Erdöl erhalten. Etwa 0,2 Mio t wird sie aus anderen Ländern beziehen. Die Staatliche Plankommission hält es für real und angebracht, uns die Aufgabe zu stellen, im Jahre 1965 etwa 1 Mio t Erdöl zu fördern. Wir alle, ohne Ausnahme, sind uns darüber klar, daß das eine sehr, sehr schwierige, nur unter allergrößter Anstrengung zu lösende Aufgabe ist.

*

Wir sind fest entschlossen, die modernste Technik im Bohrwesen und in der Geophysik einzuführen und anzuwenden, so z. B. den Anteil des Turbinenbohrens auf 50—60% zu steigern, die Anzahl unserer geophysikalischen Meßtrupps um das $2^1/_2$—3fache zu vergrößern und ebenfalls die Leistungen unserer übrigen Geräte bedeutend zu erhöhen. Die praktische Arbeit muß auf dem Gebiet der Erdöl- und Erdgaserkundung mit einer systematischen Qualifizierung und Heranbildung von Spezialisten für die Erdölgeologie, das Bohrwesen, die Bohrlochgeophysik und die Bohrlochbearbeitung verbunden werden.

*

Auf dem Gebiet der Erdgaserkundung sind wir über jene Anfänge, die bis in das Jahr 1940 zurückreichen, bereits hinausgegangen. Wir haben neue Strukturen festgestellt und bereits erste Erfolge errungen. Es kann nicht daran gezweifelt werden, daß bei der geplanten und vorgesehenen Intensivierung unseres Erkundungsprogramms auch auf diesem Gebiet die gesteckten Planziffern bis zum Jahre 1965 erreicht werden und eine Eigenförderung erreicht wird, die dem gesamten gegenwärtigen Bedarf entspricht. Allerdings wird der Zuwachs im Erdgasbedarf der Volkswirtschaft, der keinesfalls gering sein wird, möglicherweise noch ungedeckt bleiben.

*

Wir werden im Rahmen der Staatlichen Geologischen Kommission zusammen mit der Industrie im Jahre 1959 fast 100000 Bohrmeter auf Kupfer niederbringen, d. h. eine Kupfererkundung in einem solchen Umfang treiben, wie sie bisher die Geschichte Deutschlands nicht kennt. Wir haben die Absicht, diese Erkundung auch in den folgenden Jahren fortzusetzen, um die notwendigen Voraussetzungen für die Projektierung und das Niederbringen neuer Schächte und damit für die Erweiterung der Kupferproduktion in der Deutschen Demokratischen Republik zu schaffen.

*

Wir haben in Berlin in Zusammenarbeit mit den Geologischen Diensten erste Vorschläge für einen Perspektivplan der Kartierung ausgearbeitet und dabei festgestellt, daß rund 295 Meßtischblätter überprüft bzw. neu kartiert werden müssen. Darunter sind Neukartierungen von etwa 75—76 Kartenblättern. Wir haben die Absicht, dieses gewaltige Programm bis zum Jahre 1975 zu erfüllen. Das ist ebenfalls eine sehr schwierige Aufgabe, vor allem wenn wir uns vergegenwärtigen, daß insgesamt etwa 50000 km² zu kartieren sind, d. h. die Hälfte des Gebietes der DDR.

Ist diese Aufgabe überhaupt zu erfüllen? Einschätzung des Planes von Prof. PIETZSCH: „Ein kühner Plan, der aber notwendig ist, wenn wir vorwärts kommen wollen." Stehen auch genügend Mittel zur Verfügung? Im Jahre 1958 verfügten wir nur über ein Geringes weniger als in den Jahren 1951—1957 zusammengenommen. Für das Jahr 1959 sind mehr als das Dreifache der Summe für 1958 bereitgestellt.

*

Einige Worte zu unseren wissenschaftlichen Abteilungen und unseren Forschungsarbeiten. Wir stellen gegenwärtig auf fast allen Gebieten fest, daß wir sehr viel nachholen müssen und daß eigentlich alle Aufgaben vordringlich sind. Unter diesen Umständen ist es wenig sinnvoll, alles anzufassen und nichts zu Ende zu führen, sondern zweckmäßiger, zu prüfen und zu entscheiden, was vordringlich ist, und das dann auch unter allen Umständen zu realisieren. Es ist männlicher und ehrlicher, wenn wir unser Unvermögen, alle vor uns stehenden Aufgaben auf einmal zu lösen, offen eingestehen, und es kann uns nicht als Schwäche angerechnet werden, wenn wir nur das in Angriff nehmen, was wir bewältigen können. Deshalb haben wir unseren Mitarbeitern vorgeschlagen und ihre Zustimmung gefunden, in den nächsten 2—3 Jahren die Forschungsarbeiten vordringlich auf die aktuellen und Perspektiv-Aufgaben der geologischen Erkundung auszurichten. Bei aller Ausrichtung auf die gegenwärtigen Aufgaben und die Aufgaben der nächsten Zukunft dürfen wir aber nicht wie in der Vergangenheit den Fehler machen, die fernere Zukunft zu vergessen. Daher müssen wir, sobald wir dazu nur irgendwie in der Lage sind, auch solche Arbeiten durchführen, anregen und fördern, die auf Grund der geschilderten Umstände zunächst etwas zurücktreten müssen.

*

Wiederholt wurde bemängelt, daß unsere Geologen zuwenig geophysikalische Kenntnisse besitzen und daher nicht in der Lage sind, zu entscheiden, ob eine von ihnen evtl. vorgeschlagene geophysikalische Untersuchungsmethode überhaupt in der Lage ist, das von ihnen erwartete Ergebnis zu bringen. Von den Kollegen des VEB Erdöl und Erdgas wurde darauf hingewiesen, daß die Ausbildung, die die Geologen und Bohringenieure gegenwärtig auf den Hochschulen erhalten, für ihre künftige Tätigkeit keineswegs ausreicht. Es ist nach Meinung dieser Kollegen notwendig, daß bereits nach Ablegung eines Vordiploms oder eines gewissen Vorstudiums in für die Fachrichtung allgemeinbildenden Fächern eine Spezialisierung der Geologen und Bohringenieure auf ihre zukünftige Tätigkeit erfolgen soll.

Oft wird mit dem Hinweis darauf, daß die Hochschulen sog. Allround-Geologen ausbilden wollen, jede Spezialisierung, jedes tiefere Eindringen in bestimmte Spezialgebiete von unseren Professoren abgelehnt. Aber es steht doch fest, daß bereits die Diplom-Arbeit auf den jungen Menschen einen sehr bestimmenden Einfluß ausübt. Nicht selten fühlt er sich, das kam immer wieder bei Vermittlungsgesprächen mit den zukünftigen Geologen zum Ausdruck, als Spezialist gerade auf dem besonderen Gebiet, das ihm als Thema für seine Diplom-Arbeit gegeben worden war. Daraus ergeben sich auf einer Seite unberechtigte Forderungen und bei der Staatlichen Geologischen Kommission Schwierigkeiten. Deshalb stellt die St. G. K. an unsere Hochschulen die Forderung, sich stärker als bisher auf praxisverbundene Probleme zu konzentrieren.

*

Unsere Hochschulen müssen frühzeitig die Hauptaufgaben der geologischen Erkundung für die nächsten 10–15 Jahre kennen, damit sie die Lehrpläne und ihre Lektionen entsprechend ausrichten können. Die Universitäten Rostock und Greifswald z. B. müssen wissen, daß in den nächsten 5–15 Jahren für das norddeutsche Flachland die Erkundung auf Erdöl, Kalilagerstätten in erreichbaren Tiefen, sedimentäre Eisenerzlagerstätten u. a. eine vorrangige Bedeutung haben.

*

Die Staatliche Geologische Kommission kann ihre Forschungsarbeiten nach Umfang und Qualität vervielfachen, wenn sie zu intensiverer Zusammenarbeit mit den Hochschulen und Instituten übergeht. Das wird eine unserer Hauptaufgaben in der kommenden Zeit sein. Neben solchen Formen wie Vertragsforschung müssen wir neue Formen finden, um das gesamte fähige Geologen-Kollektiv der Deutschen Demokratischen Republik bei der Lösung der uns von Partei und Regierung gestellten Aufgaben heranzuziehen.

*

Die Rolle der Intelligenz in der Deutschen Demokratischen Republik ist größer denn je zuvor. Ihr Einfluß auf die gesamte Entwicklung ist deshalb so bedeutend, weil sich ihre intellektuellen Anstrengungen koordinieren mit den Anstrengungen des ganzen Volkes, um in kürzester Zeit ein Leben in Frieden und Wohlstand zu erreichen. Der Geologe in der Deutschen Demokratischen Republik steht mitten in der Gesellschaft. Sein Leben, seine Arbeit ist echter Dienst am Volke. Wir führen die besten Traditionen eines GEORGIUS AGRICOLA nach unserem Wahlspruch „mente et malleo" fort.

Der Hammer ist ergänzt worden durch Bohrturm und geophysikalische Apparatur, durch Mikroskop und Geigerzähler. Der große humanistische Geist lebt weiter, er ist lebendig in der älteren Generation und wird wie eine Fahne von der jungen vorangetragen werden bis zum Siege des Sozialismus.

Aus der Fülle der Diskussionsbeiträge

Dr. Kauter, Gotha

Die heutige Situation auf dem Sektor des Erdöls und Erdgases in der DDR ist dadurch gekennzeichnet, daß wir Produktionsfelder haben. Wir besitzen zwei Gasfelder in Thüringen, ein Ölfeld im Fallstein. Wir haben einige Aufschlußgebiete und einige Strukturen im Thüringer Becken, davon einige höffige. Außerdem haben wir einige verstreute Öl- und Gasanzeichen in der Republik: die Salzstöcke bei Rüdersdorf und Sperenberg, die Gasvorkommen bei Berlin und im nordwestlichen Teil des Thüringer Beckens. Keines der bisher produzierenden Felder ist auf Grund sozialistischer Überlegung von uns selbst gefunden worden. Sie wurden von uns lediglich durch normales handwerkliches Können erweitert.

Der V. Parteitag der SED hat uns zwei wesentliche Aufgaben gestellt:

1. Durch intensivere geologische Untersuchungen und eine beweglichere Auswertung und Ausnutzung moderner wissenschaftlicher Erkenntnisse zu einer Erhöhung der Produktion und zu einer weiteren Aufschlußtätigkeit zu kommen.

2. Durch Rationalisierung, Kostensenkung und innerbetriebliche Vereinfachung unsere Betriebe möglichst schnell rentabel zu machen.

Einige kritische Bemerkungen zu der von uns geleisteten Arbeit: Die bisher durchgeführten geologischen Arbeiten auf dem Sektor Erdöl und Erdgas verliefen hauptsächlich in zwei Richtungen:

1. In der Felderkundung und im Feststellen von Folgebohrungen sowohl unter dem Gesichtspunkt der Erweiterung der Kenntnisse über den Speicher in bezug auf chemische und physikalische Eigenschaften, wie auch hinsichtlich der Fixierung des Lagerstättenregimes.

2. In der Erkundung neuer Strukturen bzw. Horizonte.

Es sind dabei zahlreiche Erfolge zu verzeichnen, auf die der Genosse STAMMBERGER bereits hingewiesen hat, nämlich eine Erhöhung der Produktion von Erdöl und Erdgas. Wir entdeckten weiterhin einen neuen produktiven Horizont in Thüringen im Chirotheriensandstein des mittleren Buntsandsteins, der auch ausgebeutet werden kann.

Mit der Bohrung Kirchheilingen II wurde ein neues Feld nördlich der Struktur von Langensalza und Mühlhausen in Thüringen entdeckt.

In Norddeutschland konnte die Pompeckische Schwelle im Sinne von BENTZ in bezug auf die Erdölführung weit günstiger beurteilt werden.

In Norddeutschland wurden jurassische und kretazische Schichten festgestellt, deren Äquivalente in Westdeutschland unter speziellen Bedingungen Erdöl führen.

Es sind aber bei der bisherigen Arbeit auch einige beachtliche Mängel zu verzeichnen. Allgemein und prinzipiell ist bei der Verfolgung und im Aufsuchen neuer Strukturen in Thüringen und Norddeutschland sehr weitgehend nach metaphysischen Gesichtspunkten und weniger nach dialektischen gearbeitet worden, nämlich im Verfolgen sog. klassischer Lehrmeinungen oder im rein handwerklichen Aufsuchen vorausbestimmter Horizonte.

Wie ging man vor?

1. Das Prinzip der individuellen Erkundung von Lagerstätten bei Strukturen gleichen Typs wird anscheinend nicht recht beachtet.

2. Der geologische Vorlauf einer intensiven Vorerkundung als Grundlage eines weitgesteckten Perspektivplanes fehlt fast vollständig.

Die allein durch die Geophysik festgestellte Anzahl von etwa 110 Strukturen in Norddeutschland ist nur ein kleiner Teil der Vorarbeit, genügt aber den Ansprüchen, die man heute an eine wissenschaftliche Vorerkundung stellen muß, keineswegs.

3. Der inneren Unruhe des noch nicht überwundenen Meterwettbewerbs beim Bohren, der noch immer nicht ausgewogenen Beurteilung von Produktionsversuchen innerhalb des technischen Bohrablaufs entspricht eine geradezu sträfliche Vernachlässigung des sachgemäßen Testens auf Ölspuren und Gasanzeichen. Andererseits bemerkt man eine gleiche Unstetigkeit und Hast beim Erkunden einzelner Objekte und Strukturen.

4. Bisher ist keine Lagerstätte klar erkannt und klar umrissen. Man kennt weder ihr Lagerstättenregime endgültig noch ihre Begrenzung. Man kennt weiterhin weder Einzelheiten der Größe und Veränderung der Lagerstättenenergie noch die sie aufbauenden Faktoren.

5. Aus diesen Gründen und unter Berücksichtigung des Umstandes, daß aus der gesamten Gasproduktion Thüringens

Blick in den Konferenzsaal während der Beratung

noch immer keine exakten Meßwerte vorliegen, sind Methoden der sekundären Behandlung, mit denen heute jeder moderne Betrieb arbeitet, so gut wie unbekannt. So entsprechen unsere heutigen Abbaumethoden dem Stand der Ausbeutung von vor etwa 20 Jahren.

6. Die ausdrücklich geforderten Vorratsberechnungen entsprechen aus den gleichen Gründen nicht ganz den Tatsachen. Sie stellen großzügige Annäherungswerte dar, die den Stand des augenblicklichen Wissens widerspiegeln; sie können deshalb nur mit Vorbehalt betrachtet werden.

7. Geophysik, Bohrlochmessung und Laboratorien arbeiten noch viel zu schwerfällig und werden den Erfordernissen des Feldes nicht gerecht. Andererseits aber werden die Meßergebnisse feldgeologisch nur unvollkommen ausgewertet.

Ich möchte einige Vorschläge zur Verbesserung der Arbeit machen. Ganz allgemein sind zunächst einige Voraussetzungen zu schaffen, die uns, wenn sie heute schon vorhanden wären, die Arbeit wesentlich erleichterten. Hierzu gehören u. a.:

1. Eine wesentlich engere und detaillierte Zusammenarbeit mit den entsprechenden zentralen Instituten der Länder des Sozialismus. Auf diese Art können wir unmittelbar teilhaben an den Erkenntnissen jahrelanger gewissenhafter Grundlagenforschungen und spezieller Lagerstättenerkenntnisse. So können zeitraubende Irrwege und Doppelforschungen vermieden werden.

2. Unsere Zentralstelle des Geofonds muß möglichst schnell Maßnahmen zu einer kompletten Auswertung geologischer Untersuchungsergebnisse, beispielsweise des Zechsteins, an dem die Erdöl-, Kupferschiefer- und Kalibetriebe gleichermaßen interessiert sind, treffen.

3. Vom Zentralen Geofonds sollten allen Interessenten Anzahl und alle erforderlichen Details geophysikalischer Untersuchungen auf dem Gebiet der gesamten DDR zugänglich gemacht werden, um Doppelforschungen zu vermeiden und Zeit und Kosten einzusparen.

4. Ein zentrales Bohrarchiv wäre anzulegen. Dies entspricht den Erfordernissen vieler Betriebe, die sich mit Kaustobiolithen und Erzen, aber auch mit Hydrogeologie beschäftigen, die bei uns weit mehr beachtet werden sollte, als dies bisher der Fall war. Es ist zu überlegen, ob dem Bohrarchiv zweckmäßig auch ein zentrales Kernarchiv anzugliedern wäre.

Soweit einige Anregungen zur notwendigen Intensivierung der geologischen Arbeiten. Wichtig erscheint mir weiterhin:

1. Die Erkundung des gesamten Gebietes der DDR durch Aufstellen einer umfassenden regionalen geologischen Analyse zur Feststellung großräumiger Öl- und Gasakkumulationszonen. Hierbei muß einerseits die Möglichkeit des Absatzes von Erdölmuttergesteinen, andererseits die Möglichkeit der Bildung von Erdöl- und Gaslagerstätten erkundet werden. Zweckmäßig gliedert man dieses Gesamtthema in einen Teil „Norddeutschland" und einen Teil „Thüringen und Werragebiet". Für den Teil „Norddeutschland" scheint die genauere Kenntnis der entsprechenden östlichen Nachbargebiete und die geologische Anlehnung an die Volksrepublik Polen und an die Sowjetunion weit wichtiger zu sein als die an Westdeutschland.

2. Die bisher festgestellten und die evtl. neu ermittelten Lagerstätten müssen ihrem Charakter entsprechend als Komplex erforscht, behandelt, getestet und ausgebeutet werden. Dabei entspricht die heute erkennbare Akkumulationszone Thüringen dem Lagerstättentyp eines Beckens in intramontanen Senken. Die Bohrungen in diesem Gebiet müssen sämtliche Speichergesteine der Beckenfüllung bis zum Kristallin oder bis zum metamorphen Paläozoikum hinab untersuchen. Die Bohrungen in der vermuteten norddeutschen Akkumulationszone müßten unter allen Umständen neben der Kreide- und Juraauffüllung der Becken das Paläozoikum in die Untersuchung mit einbeziehen, weil hier der Lagerstättentyp einer Saumtiefe am Rand einer Gebirgskette mit nach Norden langsam ausklingender Tektonik vorliegt.

3. Die vorhandenen Produktionsfelder sind nach eingehender reflexionsseismischer Erkundung endlich durch Tiefbohrungen klar zu umreißen. Ihr Lagerstättenregime ist genau festzustellen. Dabei sind die Test- und Produktionsmethoden wie auch evtl. Sekundärbehandlung einzelner Lager oder der gesamten Lagerstätten auf den modernsten Stand zu bringen.

4. Aufschlußarbeiten an neuen Objekten werden grundsätzlich erst nach eingehender geologischer und geophysikalischer Spezialerkundung begonnen; weitab liegende Einzelbohrungen sind zu vermeiden.

5. Die Produktion kann heute schon durch exakte Testarbeiten, durch genaue Beobachtung und Auswertung von Druck- und Mengenmessungen und durch moderne „In-Produktion-Setzung" eines ganzen Feldes erhöht werden. Dazu müssen zweckentsprechende Sekundärmethoden der Produktion parallel laufen. Eine gleichzeitige selektive Förderung einzelner Horizonte ist anzustreben.

6. Das Ölvorkommen Volkenroda ist nicht als abgeschlossen zu betrachten. Den zahlreichen Ölspuren im Raum Thüringen ist weit mehr Beachtung zu schenken als bisher. Der Fallstein darf nicht als „Unikum" betrachtet werden.

7. Salzstöcke sind niemals durch eine Top- und eine Flankenbohrung hinreichend erkundet. Kombinierte Reflexions- und Refraktionsseismik zeigt oft bedeutsame Einzelheiten der Salzstockränder. In jedem Falle müssen hier drei mögliche Lagerstättentypen erforscht werden: „Cap rock", „Super Cap" und „Lateral-sands".

Das sind einige Vorschläge, die ich hier machen wollte.

Dipl.-Geol. Heßmann, Gotha

Genosse STAMMBERGER hat in seinen Ausführungen darüber gesprochen, daß es dem VEB Erdöl und Erdgas gelungen ist, seine Bohrmeterleistung um fast das Zweifache zu steigern. Wir, d. h. die Geologen, Techniker und übrigen Mitarbeiter des Stützpunktes Gotha, können ebenfalls mit ersten Erfolgen aufwarten. Uns ist es gelungen, mit einer Tiefbohrung auf der Südflanke des Schlettauer Gewölbes im Thüringer Becken ein neues Vorkommen von Erdgas mit sehr starken Erdölspuren anzubohren. Damit haben wir erstmalig seit Gründung unserer Republik ein völlig neues Vorkommen entdeckt. — Das wollte ich der Konferenz mitteilen.

Dipl.-Geophys. Putziger, Leipzig

Wir haben bei der geophysikalischen und geologischen Erkundung immer mehr die Aufgabe, tiefere Stockwerke zu erkunden. Dazu ist es erforderlich, verbesserte Meßmethoden und moderne Meßgeräte anzuwenden. Wir bemühen uns im VEB Geophysik, durch moderne Meßgeräte ein größeres Auflösungsvermögen zu erzielen und so die Erkundung genauer und besser durchführen zu können. Wir müssen in der Zukunft unser besonderes Augenmerk aber auch darauf lenken, sogenannte Fernverfahren, wie ich sie nennen möchte, anzuwenden, um tiefere Horizonte zu untersuchen. Diese Fernverfahren erfordern einen gewissen Meßaufwand, der über das bisher übliche Maß hinausgeht. Ich möchte das am Beispiel der Aeromagnetik darlegen. Wir sind z. Z. besonders im Hinblick auf die Notwendigkeit einer verstärkten Buntmetallerkundung in den Porphyrit- und Porphyr-Vorkommen der DDR gezwungen, größere Teile regional zu vermessen. Das geschieht z. Z. mit Hilfe der üblichen Methoden durch Einsatz von Meßtrupps mit Feldwaagen und erfordert eine unglaublich hohe Punktzahl. So wird bei dieser engen regionalen Vermessung eine Punktdichte von etwa 2000 Meßpunkten pro Meßtischblatt gefordert, um einen einigermaßen vernünftigen isonomalen Verlauf zu erzielen.

Diese Bearbeitung einer großen Zahl von Meßtischblättern ist eine außerordentlich teure und umfangreiche Aufgabe, die viele Jahre in Anspruch nehmen wird, wenn wir in Zukunft in der alten Weise weiterarbeiten. Es ist daher erforderlich, neue Methoden einzusetzen, die uns durch die international bekannten Verfahren der aeromagnetischen Messungen, also Messungen vom Flugzeug aus, auch gegeben sind. Wir haben in der DDR diese Meßgeräte noch nicht im Einsatz, werden aber in der nächsten Zeit dazu übergehen müssen, mit solchen Verfahren zu arbeiten, um in kurzer Zeit einen guten Überblick über die Erkundungsräume zu erhalten, um darüber hinaus auch Geld zu sparen, denn diese Verfahren werden wesentlich wirtschaftlicher sein als die bisher üblichen.

Auf die wissenschaftlichen Vorzüge dieses Verfahrens möchte ich jetzt nicht näher eingehen. Ich möchte aber nur sagen, daß die Erfahrungen, die unsere sowjetischen und auch tschechoslowakischen Freunde mit diesen Verfahren gesammelt haben und deren Ergebnisse uns bekannt sind, zeigen, daß die Aeromagnetik mit bestem Erfolg und mit besten Ergebnissen eingesetzt worden ist und einen vorzüglichen Überblick über den tektonischen Aufbau und auch über evtl. vorhandene Lagerstätten dieser Räume gegeben hat. Wir werden den Einsatz dieser neuen und umfang reichen Meßverfahren nur dann mit dem entsprechenden Nutzen vornehmen können, wenn wir die Unterstützung der Staatlichen Geologischen Kommission, ihrer Institutionen und der darüber hinaus zuständigen Ministerien erhalten. Bekanntlich sind mit solchen Messungen von der Luft aus zahlreiche Probleme verknüpft, die wir als Betrieb nicht lösen können. Unsere ersten Versuche in dieser Richtung haben gezeigt, welche Schwierigkeiten dabei auftreten können, die aber unserer Meinung nach teilweise rein bürokratischer Natur sind.

Prof. Oelsner, Freiberg

Die Aufgaben, die der V. Parteitag der SED an die Geologie gestellt hat, sind sehr groß; aber sie erscheinen nicht unlösbar. Es ist daher notwendig, daß zur Lösung dieser Aufgaben alle Kräfte angespannt werden, daß die Aufgaben auf möglichst viele Schultern verteilt werden. Die Aufgaben, die vor der Staatlichen Geologischen Kommission standen, waren schon immer recht groß. Ich hatte daher mehrfach den Vorschlag gemacht, die Lösung derselben dadurch zu erleichtern, daß man Teilaufgaben an die Hochschulinstitute überträgt, ohne allerdings einen Erfolg damit erzielt zu haben.

Ich habe mich außerordentlich gefreut, daß der Genosse STAMMBERGER in seinem Referat die Notwendigkeit betonte, die Institute an den Hochschulen in stärkerem Maße an die Aufgaben der Geologischen Kommission heranzuführen. Es gibt zwei Möglichkeiten, dies zu tun. Die eine ist die Vertragsforschung. Dabei wird mit dem betreffenden Institut ein Vertrag abgeschlossen und werden die Mittel zur Verfügung gestellt. Das ist ein ziemlich umständlicher Weg, der aber zur Lösung größerer Teilaufgaben notwendig ist. Kleinere Teilaufgaben lassen sich dadurch erledigen, daß seitens der Geologischen Dienste bzw. des ZGD die Probleme an die einzelnen Hochschulinstitute herangetragen werden, die diese Institute dann im Rahmen von Meldearbeiten und Diplomarbeiten zu lösen versuchen.

Ich möchte daher vorschlagen, daß seitens des Zentralen Geologischen Dienstes bzw. der Geologischen Dienste etwa im I. Quartal jedes Jahres eine Konferenz einberufen wird, in der eine Anzahl von Themen und Teilthemen an die Direktoren der einzelnen Institute für Diplomarbeiten verteilt werden. Selbstverständlich sind die VVB ebenfalls an der Lösung der geologischen Probleme interessiert. Es wird daher zweckmäßig sein, schon zur Vertiefung der Arbeit zwischen St. G.K., den Geologischen Diensten und den Vereinigungen Volkseigener Betriebe zu dieser Besprechung Vertreter der VVB hinzuzuladen. So wird es möglich sein, die Arbeit auf breitere Schultern zu verteilen und zu erreichen, die an die Geologie gestellten Aufgaben zu erfüllen.

Entschließung der Ersten Ökonomischen Konferenz der Staatlichen Geologischen Kommission am 4. 11. 1958 in Leipzig

Der V. Parteitag der Sozialistischen Einheitspartei Deutschlands faßte den Beschluß, die Volkswirtschaft der Deutschen Demokratischen Republik innerhalb weniger Jahre so zu entwickeln, daß die Überlegenheit der sozialistischen Gesellschaftsordnung gegenüber der kapitalistischen Wirtschaftsweise in Westdeutschland umfassend bewiesen wird.

Die Lösung der ökonomischen Hauptaufgabe mit diesem tiefen politischen und sozialen Inhalt hängt vom Bewußtsein aller Werktätigen in unserem Arbeiter- und Bauern-Staat, von der raschen Entwicklung der Arbeitsproduktivität, der Anwendung der neuesten Erkenntnisse der modernen Wissenschaft und nicht zuletzt von der Nutzung der natürlichen Rohstoffe auf dem Gebiet der Deutschen Demokratischen Republik ab.

Auf der Grundlage der Beschlüsse des V. Parteitages verpflichten sich

1. die Mitarbeiter der Staatlichen Geologischen Kommission, bis zum Jahre 1960 den Geofonds arbeitsfähig auszubauen;

2. die Arbeiter, Techniker, Geophysiker und Geologen des VEB Erdöl und Erdgas alle Anstrengungen zu unternehmen, damit im Jahre 1965 eine Förderung von 1 Mill. t Erdöl erreicht wird und die Förderung von Erdgas auf 197 Mill. cbm ansteigt.

Darüber hinaus verpflichten sie sich, im Jahre 1965 mindestens 50% der geplanten Bohrmeter durch den Einsatz von Turbogeräten abzubohren;

3. die Mitarbeiter des VEB Geophysik, insbesondere für die geologische Erkundung von Erdöl und Erdgas, den notwendigen Vorlauf der geophysikalischen Arbeiten zu sichern;

mindestens 50% der wachsenden Kapazitäten für regionale, die übrigen für spezielle Untersuchungen einzusetzen;

durch die Erweiterung der seismischen Trupps von 11 im Jahre 1958 auf 26 im Jahre 1965 und den Ausbau der Abteilung Bohrlochvermessung von 6 Trupps im Jahre 1958 auf 16 im Jahre 1965 die Voraussetzungen für die umfassende geologische Erkundung zu schaffen;

4. die Arbeiter und Techniker des VEB Geologische Bohrungen durch die Anwendung der Seifert-Methode und neue Formen des sozialistischen Wettbewerbs die Leistungen bis zum Jahre 1960 um 25% zu steigern;

5. die Mitarbeiter des Zentralen Geologischen Dienstes entsprechend ihrer Hauptaufgabe in den nächsten Jahren in verstärktem Umfange neue Lagerstätten zu erkunden und geologische Meßtischblätter und Übersichtskarten herauszugeben:

a) das Basisbohrprogramm gemeinsam mit dem VEB Erdöl und Erdgas und dem VEB Geophysik systematisch durchzuführen,

b) bis 1965 60 geologische Meßtischblätter und mehrere Übersichtskarten herzustellen,

c) die Erkundung der Lagerstätte Spremberg bis 1960 so weit abzuschließen, daß die dann vorliegenden Unterlagen für die Projektierung eines Schachtansatzpunktes ausreichen,

d) die Vorerkundung in den Gebieten Plötz und Katzmannsthal bis 1960 so weit abzuschließen, daß die Entscheidung über industrielle Nutzung dieser Vorkommen gefällt werden kann,

e) die Erkundungsarbeiten im Revier Brand bis 1960 abzuschließen,

f) die laufenden Erkundungsarbeiten auf Braunkohlenlagerstätten im Rahmen des insgesamt verstärkten Erkundungsprogramms zu forcieren und den Vorlauf für die Industrie sicherzustellen,

g) die Vorarbeiten für die Erkundung im norddeutschen Flachland so zu betreiben, daß ab 1960 mit der intensiven Erkundung auf Kali- und Eisenerzlagerstätten in Norddeutschland begonnen werden kann,

h) entsprechend der ständig steigenden Bautätigkeit Baustoffe in einem Umfang zu erkunden, der den Anforderungen der Wirtschaftsräte der Bezirke gerecht wird,

i) die wissenschaftlichen Arbeitsgruppen in ihrer Tätigkeit vorrangig auf die zweckgebundene Forschung für die Lagerstättenerkundung und Kartierung auszurichten und diese Arbeitsgruppen so auszubauen, daß sie in der Lage sind, alle bei der Erkundung anfallenden Arbeiten zu bewältigen,

k) in den Geologischen Diensten einen engen Kontakt zu den Wirtschaftsräten der Bezirke auf dem Gebiet der Steine und Erden, der Ingenieur-, Hydro- und Bodengeologie herzustellen,

l) im Institut für angewandte Mineralogie vorrangig die Untersuchungen über die Gewinnung von Schwermineralien, insbesondere von Zirkon, aus den Kaolinrückständen mit dem Ziel abzuschließen, die wirtschaftliche Gewinnung des betreffenden Schwerminerals zu garantieren. Darüber hinaus besteht für die Mitarbeiter des Instituts für angewandte Mineralogie die Aufgabe, sich noch mehr bei der Lösung von Aufgaben auf dem Sektor der Lagerstättenerkundung durch den ZGD einzuschalten;

6. die Mitarbeiter der Staatlichen Geologischen Kommission und ihrer nachgeordneten Betriebe und Institutionen, in allen wissenschaftlichen Fragen engsten Kontakt mit den dafür in Frage kommenden Instituten der Hochschulen (Berlin, Freiberg, Greifswald, Rostock, Leipzig, Halle u. a.) und den Instituten der Deutschen Akademie der Wissenschaften zu halten.

Die Forschungsarbeiten der Institute müssen in allen nur möglichen Formen in die Aufgabenstellung der Staatlichen Geologischen Kommission eingearbeitet werden. Es ist Aufgabe der Abteilung Forschung im Zentralen Geologischen Dienst und darüber hinaus jedes Geologen, die Mittel und Wege zur Zusammenarbeit zu finden;

7. die Mitarbeiter der Staatlichen Geologischen Kommission, die Such- und Erkundungsarbeiten auf Schwarz- und Buntmetalle, Kali sowie Stein- und Braunkohle mit den zuständigen Leitungen der VVB abzustimmen. Erfahrungen hinsichtlich der angewendeten Erkundungsmethodik und der dabei erzielten Ergebnisse auszutauschen.

Leipzig, den 4. 11. 1958

Die Teilnehmer
der Ersten Ökonomischen Konferenz
der Staatlichen Geologischen Kommission

An die Delegierten der Chemie-Konferenz in den Leuna-Werken „Walter Ulbricht"

Die Delegierten der Ersten Ökonomischen Konferenz der Staatlichen Geologischen Kommission und ihrer Betriebe übermitteln den Teilnehmern der Chemie-Konferenz die herzlichsten Kampfesgrüße und wünschen der Beratung einen vollen Erfolg.

Die Entwicklung unserer chemischen Industrie, insbesondere der Ausbau einer modernen Petrochemie, entsprechend den Beschlüssen des V. Parteitages der Sozialistischen Einheitspartei Deutschlands erfordern eine Intensivierung der Such- und Erkundungsarbeiten auf Erdöl und Erdgas. Die Mitarbeiter der Staatlichen Geologischen Kommission und ihrer Betriebe stellen sich deshalb das Ziel, 1965 1 Mio t Erdöl und 200 Mio m^3 Erdgas zu fördern. Die Vorarbeiten zur Erkundung von Kali im Norddeutschen Raum werden bis 1960 abgeschlossen, so daß im Verlauf des III. Fünfjahrplanes die systematische Erkundung in diesem Gebiet anlaufen kann.

Das soll unser vorläufiger Beitrag für die Durchführung des auf dem V. Parteitag beschlossenen Chemieprogramms sein.

Leipzig, den 4. 11. 1958

Die Teilnehmer
der Ersten Ökonomischen Konferenz
der Staatlichen Geologischen Kommission

Saalische Bewegungen im Ost- und Nordostharzvorland und ihre Bedeutung für den oberrotliegenden Sedimentationszyklus

BODO STEINBRECHER, Berlin

INHALT

1. Vorbemerkungen

Bei geologischen Erkundungsarbeiten durch Bohrungen in den östlichen Teilen der Subherzynen Mulde haben sich Hinweise über Bedeutung, Ausmaß und Charakter saalischer Bewegungen ergeben. Es wird der Versuch unternommen, eine Zusammenfassung der vorliegenden Ergebnisse und ihre Deutung als vorläufige Mitteilung vorzulegen. Damit soll die Entfaltung einer Diskussion über die angeschnittenen Probleme erreicht werden und gleichzeitig sollen Anregungen für die Geologen gegeben werden, die sich mit ähnlichen Fragen beschäftigen. Es liegt im Sinne geologischer Forschung, wenn sich das entworfene Bild ändert.

2. Der präsudetische Tonschieferkomplex von Bernburg-Edderitz

Im Gebiet Bernburg-Edderitz liegen die oberrotliegenden Eislebener Schichten (S. SCHIEMENZ, 1953, faßt hierunter das Porphyrkonglomerat und den Sandsteinschiefer zusammen), unter Ausfall der Grillenberger, Mansfelder, Wettiner und Hornburger Schichten, diskordant auf präsudetischen Tonschiefern (Abb. 1). Südlich der Bohrung Edderitz 22 liegen sie auf Permokarbon.

Die Südgrenze zwischen dem Gebiet, in dem die Eislebener Schichten präsudetischen Tonschiefern (im folgenden „Bernburg-Edderitzer Tonschieferkomplex" genannt) und dem Raum, in dem sie postsudetischen Gesteinen aufliegen, wird in der Edderitzer Mulde durch die Bohrungen Wörbzig 1, Edderitz 1, 22, 27 und 32 eingeengt.

Typisch für die Tonschieferserie[1]) im Raum Bernburg-Edderitz ist das Schichtenverzeichnis der Untertagebohrung Plömnitz 2 im Grubengebäude der Schächte

[1]) Die „Tonschiefer" wurden auch als Phyllite angesprochen. Sie besitzen einen leichten serizitischen Glanz auf den Schicht- und Schieferflächen. Man kann sie, dem megaskopischen Befund entsprechend, wohl am besten als phyllitische Tonschiefer ansprechen. Der Kürze halber werden sie vorläufig als „Tonschiefer" bezeichnet.

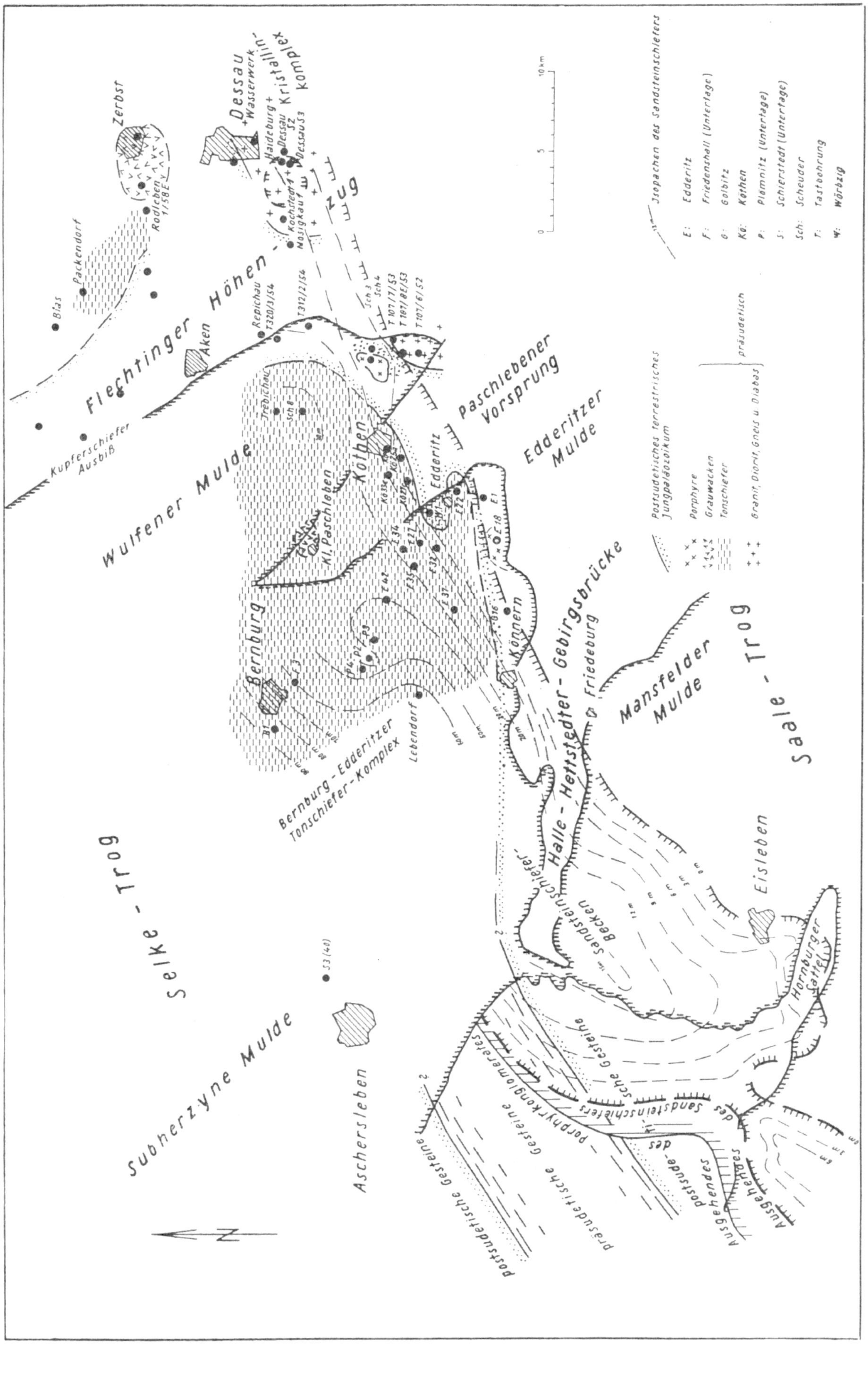

Abb. 1. Verbreitung präsudetischer Gesteine unter den Eislebener Schichten und die Mächtigkeiten des Sandsteinschiefers im östlichen und nördlichen Vorland des Harzes (zum Teil nach E. SCHRÖDER 1934)

Gekürztes und zusammengefaßtes Schichtenverzeichnis der Untertagebohrung Plömnitz 2

(nach der Feldaufnahme von E. v. HOYNINGEN & B. STEINBRECHER)

Meter von bis	Mächtigkeit m	Gesteinsbezeichnung	Stratigraphische Stellung
0 – 180,54 (– 353,2 m NN)	180,54		Zechstein
– 184,00	3,46	Sandstein, grau, gemischtkörnig	Gebleichte oberrotliegende Sandsteinschiefer
– 210,10	26,10	Sandstein, rotbraun, gemischtkörnig	Sandsteinschiefer
– 214,15	4,05	Sandstein, rotbraun, konglomeratisch	Porphyrkonglomerat
– 218,45	4,30	Diabas, dunkelgrüngrau, feinkörnig, Haarrisse steil einfallend, mit Quarz und rotem Lettenmaterial gefüllt	Altpaläozoikum
– 229,30	10,85	Tonschiefer, rotbraun, phyllitisch, auf Schicht- und Schieferflächen Serizit (seidiger Schimmer), nicht kalkig	
– 232,60	3,30	Diabas, dunkelgrüngrau, zahlreiche, 30 – 60° wechselnd einfallende, quarzverheilte Klüfte, nicht durchhaltend. Hangendfläche stufenförmig durch kleine Staffelbrüche im Diabas, z. T. mit unregelmäßig begrenzten Quarzschlieren.	
– 245,90	13,30	Tonschiefer, rotbraun, wie zuvor, bis 229,30 m jedoch mit kleinen Diabasgängen durchsetzt. Bei 240 m Kalksilikat-Hornfels (A. SCHÜLLER, 1956 a) am unteren Kontakt (Abb. 2)	
– 247,70	1,80	Diabas, dunkelgrüngrau, feinkörnig, mit wechselnd einfallenden und steilen, quarzgefüllten Klüften und Schlieren	
– 248,00	0,30	Mylonit, toniges Material (Chloritschiefer nach A. SCHÜLLER, 1956 a) mit Diabasbrocken wechselnder Größe – Verwerfung –	
– 255,05	7,05	Diabas, dunkelgrüngrau, mit quarzverheilten Klüften	
– 267,10	12,05	Tonschiefer, rotbraun, leicht phyllitisch, vereinzeltes Auftreten grauer Lagen parallel zu S_1-Flächen. Nach unten rotbraune Farbtöne überwechselnd in violett-graubraune	
– 278,10	11,00	Tonschiefer, rotbraun (bis violettrot), phyllitisch, mit zahlreichen, wechselnd einfallenden Quarzklüften und unregelmäßig begrenzten Quarzschlieren bzw. -knauern. In den untersten Teilen zunehmend mylonitisch	
– 280,70	2,60	Tonschiefermylonit, schmutzigrotbraun	
– 291,55	10,85	Diabas/Tonschiefer-Mylonit (starker Kernzerfall, Teufenangaben nach Kernzügen, z. T. Sandfängerproben)	
291,55 – 300,20	8,65	Tonschiefer, rotbraun, phyllitisch (starker Kernzerfall, z. T. Sandfängerproben)	
– 316,50	16,30	Tonschiefer, rotbraun, übergehend in schwarzgrau, phyllitisch. Nach unten übergehend in dunkelgraue Farben	
– 412,50	96,00	Tonschiefer, schwarzgrau, phyllitisch, serizitischer Glanz, mit unregelmäßig begrenzten Quarzschlieren	
– 415,65	3,15	Tonschiefer, schwarzgrau, phyllitisch, verruschelt	
– 415,85	0,20	Tonschiefer, dunkelgrau, quarzschlierig, in Nähe des liegenden Diabases sehr fest – gefrittet	
– 431,20	15,35	Diabas, dunkelgrüngrau, grobes Intersertalgefüge (Abb. 3), mit zahlreichen, wechselnd einfallenden Quarzklüften. Ab 428,50 m große, unregelmäßig begrenzte Quarzschlieren. Ab 430,90 m verquarzter Diabasmylonit	
– 431,55	0,35	Milchquarz, grauweiß, kavernös, im Wechsel mit grünen und roten Lagen, Einfallen um 60°.	
Endteufe			

Peißen – Plömnitz, südöstlich Bernburg. Dieses wird im folgenden gekürzt wiedergegeben.

3. Die präsudetischen Gesteine in der Wulfener Mulde, dem Kristallinkomplex von Dessau und dem Paschlebener Gebirgsvorsprung

Dem einheitlichen Bernburg-Edderitzer altpaläozoischen Tonschieferkomplex im Liegenden der Eislebener Schichten stehen östlich davon eine Vielfalt kristalliner Gesteine gegenüber. Vom Paschlebener Gebirgsvorsprung sind glimmerige Quarzite (A. SCHÜLLER, 1956 b) bekannt geworden, deren Alter zweifelhaft ist. Von R. HERRMANN (1926) wurden diese bei Kl. Paschleben anstehenden Gesteine ins Unterkarbon gestellt. H. SCHMIDT (1933) sieht in ihnen Äquivalente der Tanner Grauwacke (Wende Oberdevon/Unterkarbon) und E. ZIMMERMANN, F. DAHLGRÜN & G. DIETZ (1936) rechnen sie zu den Harzgeröder Schichten (Obersilur). In den Bohrungen Köthen, Köthen 25 c, 27 c und 33 c wurden unter känozoischem Lockergebirge phyllitische Tonschiefer angetroffen. In der Wulfener Mulde wurde in der Bohrung T 107/6/52 unter Zechstein migmatitisch injizierter, metablastisch verfeldspateter Paragneis[2]) erbohrt. In der Bohrung T 107/8 E/53 liegt Zechstein auf Granit, dessen Feldspäte epizonal verformt und

[2]) petrographische Ergebnisse A. SCHÜLLERs

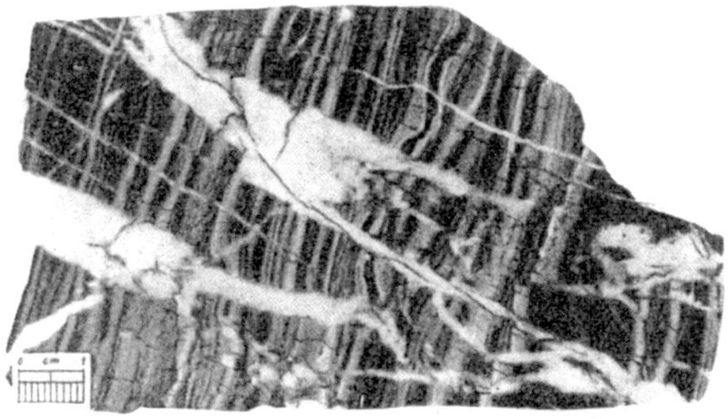

Abb. 2. Kalksilikathornfels aus der UT-Bohrung Plömnitz 2 ~ 240 m

Abb. 3. Diabas mit Intersertalgefüge aus der UT-Bohrung Plömnitz 2 ~ 427 m

dessen Biotit chloritisiert wurde[2]). In der Bohrung Scheuder 3 lagert Zechstein auf Quarzporphyr. In der Altbohrung Trebbichau sind Tonschiefer (?) angetroffen worden, desgleichen in der Bohrung Scheuder 8. Im Raum des Kristallinkomplexes von Dessau (siehe auch J. WEIGELT 1930 und A. SCHÜLLER, 1951 und 1952) wurde in der Bohrung Dessau-Süd 2 unter Tertiär Biotitgranit mit weißlichen und rötlichen Feldspäten und porphyrischer Struktur erbohrt. In der Bohrung Dessau-Süd 3 und in der Altbohrung Haideburg wurde Kupferschiefer angetroffen, die Eislebener Schichten durchsunken und im Liegenden zuoberst feinkörniger, dann grobkörniger Biotitgranit mit vorwiegend milchweißen, untergeordnet rötlichen Feldspäten erbohrt. In der Wasserbohrung Dessau wurde unter Känozoikum Granit angetroffen. In der Bohrung Kochstedt 1 (A. SCHÜLLER 1953) liegt Tertiär auf metamorph in Chlorit-Hornblendegneis umgewandeltem Diorit und in der Bohrung Mosigkau werden unter Quarzporphyr Wettiner Schichten von metagranitischem bzw. metagranodioritischem oder diaphtoritischem Sermizitgneis der Phyllitzone unterlagert, der aus Muskovit- oder Biotitgneis entstanden ist[2]).

4. Der oberrotliegende Sedimentationszyklus der Eislebener Schichten

Das Porphyrkonglomerat besteht aus grüngraugefleckten, rotbraunen Konglomeraten, die die namengebenden Porphyrgerölle enthalten. Die Herkunft der Gerölle wurde von S. SCHIEMENZ (1953) durch Geröllanalysen bestimmt. Ausgehend vom Vertikalprofil, wie es sich in der Mansfelder Mulde bietet, ist festzustellen, daß aus ihm durch Zurücktreten der groben und gröbsten Fraktionen und gleichmäßigere Korngrößenzusammensetzung der Sandsteinschiefer hervorgeht. Er besteht aus rotbraunen, unregelmäßig, meist feingeschichteten Sandsteinen. Eine scharfe Grenze zwischen Porphyrkonglomerat und Sandsteinschiefer ist nicht vorhanden. Das Porphyrkonglomerat wird nach N feinkörniger. Hierauf wies E. SCHRÖDER (1934) hin. Seine Auffassung bestätigte sich in allen Fällen. Der Anteil der Sandsteinschieferfazies im Profil wird größer. In den Bohrungen nordöstlich der Halle-Hettstedter Gebirgsbrücke ist nur noch ein wenige Meter bis mehrere Dezimeter mächtiges Basalkonglomerat vorhanden. Dieses enthält, soweit es präsudetischen Tonschiefern auflagert, reichlich Tonschiefer des Liegenden.

Über die Mächtigkeiten des Porphyrkonglomerats im östlichen Harzvorland bestehen nur ungefähre Vorstellungen. Eine Isopachenkarte der Sandsteinschieferfazies wurde von E. SCHRÖDER (1934) vorgelegt. Heute sind wir in der Lage, die Mächtigkeitsverhältnisse des Sandsteinschiefers auch für den Raum nördlich der Halle-Hettstedter Gebirgsbrücke, soweit er durch Bohrungen erfaßt worden ist, darzustellen (Abb. 1).

Die Isopachen streichen in der Mansfelder Mulde erzgebirgisch. Im Bereich der Subherzynen Mulde

Abb. 4. Verlauf der Schwereachsen im Gebiet der Mansfelder und Edderitzer Mulde

²) s. Fußnote S. 58

treten Abweichungen auf. Leider erlaubt das zur Zeit sehr weitmaschige Aufschlußnetz keine detailliertere Darstellung.

*

Für die Tatsache, daß im Raum Bernburg-Edderitz die Eislebener Schichten auf präsudetischen Tonschiefern liegen, gibt es zwei Deutungsmöglichkeiten:

a) Der Bernburg-Edderitzer Tonschieferkomplex war während des ganzen postsudetischen Sedimentationszyklusses vor Ablagerung der Eislebener Schichten Abtragungsgebiet. Dies würde im Sinne der nordöstlichen Fortsetzung der Unterharzschwelle sprechen. Im Vergleich zu den im Ostharz anstehenden Gesteinen scheint der Denudationsschnitt höher zu liegen, da die Tonschiefer nur einen geringen Grad der Metamorphose besitzen. Entweder die Intensität der Abtragung als Funktion der Höhendifferenz zwischen Denudations- und Sedimentationsraum war gegenüber dem Ostharz, vielleicht infolge Untertauchens der Sattelachse nach N, geringer, oder der Bernburg-Edderitzer Tonschieferkomplex lag während gewisser Zeiten überhaupt unter dem Sedimentationsniveau.

Verbindet man die Ausbißlinie des Oberkarbons im Ostharz mit den südlichen Teilen der Edderitzer Mulde, wo die oberkarbone Ausbißlinie gegen den Bernburg-Edderitzer Tonschieferkomplex im N gut bekannt ist, ergibt sich, daß die Verbindungslinie aus der erzgebirgischen in die ostnordöstliche Richtung abbiegt. Diese Tatsache im Vergleich mit dem Verlauf der Schwereachse kann im Sinne H. KÖLBELs (1954) gedeutet werden, der in diesem Raum eine Horizontalflexur annimmt. Solange eine Beweisführung durch Tiefbohraufschlüsse zwischen Ostharz und dem Bernburg-Edderitzer Tonschieferkomplex nicht möglich ist, kann nicht entschieden werden, ob er ein Teil der nordöstlichen Fortsetzung der Unterharzschwelle ist.

Auch aus der regionalen Schwerekarte der DDR, Blatt 101, Dessau, 1:200000 (Abb. 4) ergeben sich keine Hinweise, daß die Ostharz-Schwereachse in den Raum Bernburg-Edderitz zielt. Sie knickt bei Hettstedt aus der NO-Richtung nach ONO ab und verläuft über die Halle-Hettstedter Gebirgsbrücke.

b) Der Bernburg-Edderitzer Tonschieferkomplex wurde vor Ablagerung der Eislebener Schichten seiner jungpaläozoischen Eindeckung beraubt. Auch in den Gebieten, wo sie erhalten blieb, ist eine Winkeldiskordanz zwischen den Eislebener Schichten und dem permokarbonischen Liegenden vorhanden. In der Bohrung Wörbzig 1 beträgt sie 30—35°. Entsprechend den klimatischen Verhältnissen im Rotliegenden unterlagen die anstehenden, altpaläozoischen Tonschiefer einer intensiven Rotverwitterung. In der Untertagebohrung Plömnitz 2 reicht sie bis 90 m hinab. Erst dann vollzieht sich der Umschlag in dunkelgraue Farbtöne.

*

Im östlichen Harzvorland liegen die Verhältnisse klarer. Nach den Untersuchungen E. SCHRÖDERs (1934) und E. v. HOYNINGENs (1954) war die Unterharzschwelle im Ostharz während der Ablagerung der Grillenberger, Mansfelder und Hornburger Schichten Abtragungsgebiet. Dies ergibt sich aus der Faziesdifferenzierung und den Schüttungsrichtungen. Die Unterharzschwelle trennte während des Oberkarbons und Unterrotliegenden den Selke- vom Saaletrog. Diese Verhältnisse blieben auch während der Ablagerung der Eislebener Schichten bewahrt, wenn auch die Schüttung von SW und SO her erfolgte (S. SCHIEMENZ 1953).

Nördlich der Halle-Hettstedter Gebirgsbrücke bestand im Gegensatz zum Ostharz und dem östlichen Vorland z. Z. der Ablagerung der Eislebener Schichten wahrscheinlich keine Trennung zwischen Selke- und Saaletrog (Abb. 1). Ein altes Abtragungsgebiet, oder ein erst durch saalische Bewegungen über das Sedimentationsniveau gehobener Komplex, wurde durch die Eislebener Schichten erstmalig bzw. erneut eingedeckt, wogegen südlicher erzgebirgisch streichende Senken, die sich in ihrem Verlauf dem der Unterharzschwelle eng anschmiegen, in gewissem Umfang auch während der Ablagerung der Eislebener Schichten noch Gültigkeit behielten. Ausdehnung und Senkungsgeschwindigkeit waren dort zur Zeit der Sandsteinschiefersedimentation jedoch gering. Sie erfolgte nur in den westlichen Teilen der Mansfelder Mulde („Sandsteinschieferbecken" E. SCHRÖDERs 1934).

In ähnlicher Weise wie die Sandsteinschiefersedimentation blieb auch die des Weißliegenden auf die westlichen Teile der Mansfelder Mulde beschränkt, obgleich der Verbreitungsraum etwas gegenüber der Ostgrenze des Sandsteinschieferbeckens nach O vorgeschoben ist (Abb. 5). Die weißliegenden Dünensandsteine bestehen aus aufgearbeitetem Sandsteinschiefermaterial (E. SCHRÖDER 1934 und S. SCHIEMENZ 1953). Man darf jedoch daraus nicht schließen, daß es sich um eine absolut edaphische Fazies handelt. Nördlich der Halle-Hettstedter Gebirgsbrücke ist das Liegende des Zechsteins ebenfalls in Sandsteinschieferfazies entwickelt, jedoch fehlen die weißliegenden Sandsteine. Somit war für die Entstehung des Weißliegenden lediglich eine bestimmte paläomorphologische Konstellation Voraussetzung.

In der Subherzynen Mulde besteht das Liegende des Kupferschiefers demgegenüber aus einem grüngrauen, unregelmäßig feingeschichteten, z. T. schiefertonartigen Gestein, das wahrscheinlich unter seichter Wasserbedeckung zur Ablagerung kam, wofür ein gewisser Kalk- oder Dolomitgehalt, das Auftreten von Wellenrippeln (Trockenrisse fehlen) und die durchgehende Verbreitung sprechen. Diese tonig-schluffige, subaquatisch entstandene Liegendfazies dürfte das uferferne Äquivalent des Weißliegenden der Mansfelder Mulde darstellen. Sie ist Ausdruck einer allgemeinen, nach N gerichteten, epirogenen Kippung, in deren Folge später die Zechsteiningression erfolgte. Lediglich in den südöstlichen Teilen der Edderitzer und angedeutet auch in der Golbitzer Mulde ist das Liegende sandig-konglomeratisch ausgebildet. Nach NW schließt daran die tonig-schluffige Liegendfazies an.

In der sandig-konglomeratischen Liegendfazies des Kupferschiefers im SO-Teil der Edderitzer und im N-Teil der Mansfelder Mulde konnte A. SCHÜLLER (1955 und 1957) z. T. hydrothermal gebleichte oder vererzte und erzfreie Porphyrgerölle beobachten, wogegen sie nach S zugunsten erzsterilen Detritus kristalliner Ausgangsgesteine sehr zurücktreten. Diese feinklastische Schüttung kristalliner Gesteine entstammt der Mitteldeutschen Schwelle, die sich bis in den Raum des Dessauer Kristallinkomplexes hinstreckt (A. SCHÜLLER 1951 und 1957). Die Mitteldeutsche Schwelle verlor an der Wende Unter/Oberkarbon ihre Bedeutung als paläogeographische Einheit im Sinne eines Hochgebietes. Sie wurde durch rote jungpaläozoische Sedimente eingedeckt. Im Porphykronglomerat traten erstmalig wieder kristalline Geröllkomponenten auf, die allerdings von S herangeführt wurden (S. SCHIEMENZ, 1953). Daraus ergibt sich:

1. Vor Ablagerung der Eislebener Schichten fanden im S sehr intensive Hebungen statt.
2. Die mehrere 100 m mächtige jungpaläozoische Decke über den alten hochmetamorphen Kristallinen der ehemaligen Mitteldeutschen Schwelle wurde entfernt. Dabei sind auch hydrothermal vererzte, oberkarbonische und unterrotliegende Porphyre zerstört worden.
3. Die Hebungen dauerten bis zur Sanderzsedimentation an.

Die Hebungen erfolgten im S stärker als im N. Die Eislebener Schichten ergossen sich wie ein Schuttfächer nach N bzw. NO und überschütteten dabei alte, gehobene, präsudetische Gebirgskomplexe, z. B. den von Bernburg-Edderitz, von Dessau und in der Wulfener Mulde. Infolge einer nach N gerichteten, epirogen bedingten Kippung ingredierte von N das Zechsteinmeer. Der marine Vorstoß arbeitete sich der klastischen Schüttung von S her entgegen. Bevor es zur Herausbildung euxinischer Verhältnisse kam, bildete sich nördlich der Halle-Hettstedter Gebirgsbrücke, über weite Teile der Subherzynen Mulde verbreitet, die subaquatisch entstandene, schluffig-tonige Liegendfazies. Das östliche Harzvorland wurde zögernder mit in die allgemeine Senkung einbegriffen. In der amphibischen Flachküstenregion im Raum der Mansfelder Mulde entstanden die weißliegenden Dünensandsteine. Erst ein erneuter Impuls ließ das Zechsteinmeer unter Ablagerung des Zechsteinkonglomerates in den Thüringischen Raum eindringen, wobei der Vorstoß wahrscheinlich über die am längsten sich in Absenkung befindenden Gebiete der Sandsteinschiefer- und Weißliegend-Senken vollzog, die im Westteil der Mansfelder Mulde lagen und nach S in den Raum Sangerhausen übergriffen.

S. SCHIEMENZ (1953) vermutete, daß diese Bewegungen vor Ablagerung der Eislebener Schichten der Thüringer Phase (H. WEBER 1938) bzw. der Moosbacher Phase (G. RICHTER 1942) und G. PRIMKE (1956) denen der saalischen Phase äquivalent sind. Fest steht lediglich, daß sie die Zeit des varistisch struierten Bauplanes abschlossen und das für die ganze jüngere Erdgeschichte in Mitteleuropa so bedeutsame Germanische Becken — das durch die Verbreitung des Zechsteins deutlich in Erscheinung trat — in seinen Grundzügen entstehen ließen. Dieses hochbedeutsame Ereignis wurde durch saalische Bewegungen ausgelöst, die sich bei fortschreitender Forschung wahrscheinlich in mehrere Einzelphasen auflösen werden, von denen die saalische nur eine ist.

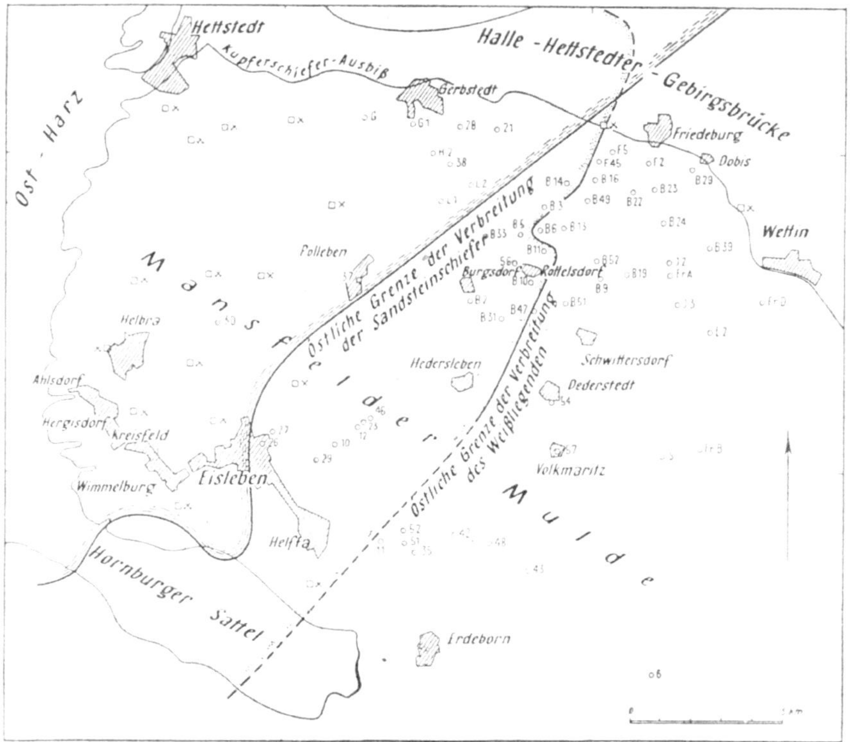

Abb. 5. Verbreitung des Sandsteinschiefers und des Weißliegenden in der Mansfelder Mulde

5. Zusammenfassung

Vor Ablagerung der oberrotliegenden Eislebener Schichten fanden saalische Bewegungen statt. Präsudetische Gebirgseinheiten wurden nach Umgestaltung der varistisch angelegten Sedimentationsräume ihrer jungpaläozoischen Eindeckung entblößt, u. a. auch Teile der Mitteldeutschen Schwelle, der Bernburg-Edderitzer Tonschieferkomplex und Teile des Dessauer Kristallinkomplexes.

Es wurde versucht, den Werdegang dieser Entwicklung an Hand vorliegender Befunde, mineralogisch-petrographischer Untersuchungen, der sich daraus ergebenden Schlußfolgerungen und geologischer Vorstellungen darzulegen.

Literatur

GILLITZER, G.: Die Geologie der Erzanreicherungen im mitteldeutschen Kupferschiefer. — Jb. d. Hall. Verb., 15, S. 9—27, Halle, 1937.

HERRMANN, R.: Aufbau und Entwicklungsgeschichte der Halle-Hettstedter Gebirgsbrücke. — Jb. d. Hall. Verb., 5, S. 12—56, Halle, 1926.

HOYNINGEN-HUENE, E. v.: Die Hornburger Schichten am Ostharzrande. — Akten der Staatl. Geol. Komm. Berlin, Halle, 1954.

KAUTZSCH, E.: Untersuchungsergebnisse über die Metallverteilung im Kupferschiefer. — Arch. Lagerstättenforsch., H. 74, Berlin, 1942.

KÖLBEL, H.: Große Seitenverschiebungen und Horizontalflexuren im deutschen Grundgebirge und ihre lagerstättenkundliche Bedeutung. — Geologie, 4, S. 445—450, Berlin, 1954.

PRIMKE, G.: Stratigraphische und mikromagnetische Untersuchungen des Permokarbons der Halle-Hettstedter Gebirgsbrücke bei Wettin. — Dipl.-Arbeit Geol. Inst. d. Univ. Halle, 1956.

RICHTER, G.: Geologische Gesetzmäßigkeiten in der Metallführung des Kupferschiefers. — Arch. Lagerstättenforsch., H. 73, Berlin, 1941.

— Das Überleiten von varistischer zu saxonischer Tektonik im westlichen Thüringer Wald. — Geol. Rdsch. 33, S. 20—31, 1942.

SCHIEMENZ, G.: Schotteranalyse des Porphyrkonglomerates im obersten Rotliegenden des östlichen Harzvorlandes. — Jb. d. Hall. Verb. 2, S. 3 bis 27, Halle, 1953.

SCHMIDT, H.: Der Kellerwald-Quarzit mit einer Beschreibung seiner Fauna und der aus der Tanner Grauwacke. — Geol. pal. Abh. NF, 19 Jena, 1933.

SCHRÖDER, E.: Sedimentation dun Tektonik im Jungpaläozoikum am östlichen Harzrand und in den Nachbargebieten. — Jb. d. Preuß. Geol. Landesanst., 55, S. 168—197, Berlin, 1934.

SCHÜLLER, A.: Petrographie und tektonische Stellung des metamorphen Granites von Dessau. — N. Jb. Min., Abh. 82, S. 121—142, Stuttgart, 1951.

— Zur Grundgebirgsgeologie des Kyffhäusers. — Stille-Festschrift, Geologica, 1952.

SCHÜLLER, A.: Die Diorite von Dessau. Ein Beispiel für Ichor-Metamorphose. – Heidelberger Beitr. Min. u. Petr., 3, S. 77–96, Heidelberg, 1953.
– Mineralogisch-petrographische Untersuchungen der Blei-Zink-Kupferschiefer von Edderitz. 1. Bericht. – Akten der Staatl. Geol. Komm., Berlin, 1955.
– Mineralogisch-petrographische Befunde zweier Gesteinsproben aus der Untertagebohrung Plömnitz 2. Schliff 876/55, Teufe 240 m; Schliff 875/55, Teufe 248 m. – Akten d. Staatl. Geol. Komm., Berlin, 1956a.
– Petrographische Stellung der sogenannten Paschlebener Grauwacke. – Geologie, 2, S. 101–103, Berlin, 1956b.
SCHÜLLER, A.: Mineralogisch-petrographische Untersuchungen der Kupfer-Blei-Zink-schiefer der Mansfelder Mulde. 2. Bericht. – Akten der Staatlichen Geologischen Kommission, Berlin, 1957.
WEBER, H.: Die Strukturelemente des nordwestlichen Thüringer Waldes und ihre Entwicklungsgeschichte. – Z. dtsch. Geol. Ges., 90, S. 75–87, 1938.
WEIGELT, J.: Die regional-geologische Bedeutung des Granitmassives von Dessau. – Ber. Naturwiss. Ver. Dessau, H. 2, S. 9–11, Dessau, 1930.
ZIMMERMANN, E., F. DAHLGRÜN & G. DIETZ: Geologische Übersichtskarte von Deutschland. 101 Dessau, 1 : 200000. – Preuß. Geol. Landesanst., Berlin, 1936.

Der Bromgehalt an der Basis des Leinesteinsalzes und seine Beziehung zur Faziesdifferenzierung im Flöz Staßfurt

GÜNTER SCHULZE & H. SEYFERT, Halle/S.

Einleitung

Mit steigender Salzkonzentration des Meerwassers wurde das organische Leben im Germanischen Zechsteinbecken unmöglich. Abgesehen von einer Mikroflora, die bisher noch nicht eingehend untersucht worden ist, sind die Salzgesteine dieser Formation praktisch frei von Fossilien. Man war daher gezwungen, nach petrographischen Gesichtspunkten stratigraphisch zu gliedern und konnte die bekannten 4 Großzyklen (Werra-, Staßfurt-, Leine- und Allerzyklus) ausscheiden. Das Unterteilungsprinzip beruht auf der vielfach unvollständigen Abfolge Tongestein–Karbonatgestein – Anhydrit – Steinsalz – Kalimagnesia-Salz. Die Entwicklung vom Karbonatgestein zum Kalimagnesia-Salz entspricht einer zunehmenden Eindampfung der Lauge.

Im Verlaufe umfangreicher geologischer Erkundungsarbeiten, die während der vergangenen Jahre in den Kali- und Steinsalzlagerstätten Sachsen-Anhalts umgingen, machte sich wiederholt eine unzulängliche Feinstratigraphie der Salzgesteine nachteilig bemerkbar. Die herkömmlichen geologischen Methoden zur Bestimmung des stratigraphischen Niveaus (Kartieren von Anhydrit „schnüren" und -bänken usw.) versagen fast stets in einförmig ausgebildeten Steinsalzlagern, die häufig noch salztektonisch beansprucht sind. In diesem Zusammenhang sei nur das Staßfurtsteinsalz angeführt, das eine scheinbare Mächtigkeit von über 1200 m erreichen kann und keine Leitmerkmale aufweist.

Um diesen Mangel zu beheben, lag es nahe, bekannte Gesetzmäßigkeiten der Br-Cl-Isomorphie auszunutzen und die Bromverteilung in den Steinsalzsedimenten zu untersuchen. Schon mehrfach wurde der Bromgehalt der Salzgesteine verwendet, um stratigraphische oder genetische Probleme mariner Salzlagerstätten zu klären. Trotz ursprünglicher Skepsis verschaffte ihre Leistungsfähigkeit der Bromuntersuchung mehr und mehr Eingang in die Salzgeologie. Heute ist eine moderne Salzlagerstättenerkundung ohne den Bromtest nicht mehr vorstellbar.

Gesetzmäßigkeiten der Br-Cl-Isomorphie

Der Bromgehalt des Meerwassers ist schon seit langem bekannt. Er beträgt im Mittel 0,066‰. Nach V. M. GOLDSCHMIDT (1954, S. 586) liegt der Ionenradius des Broms (1,96 Å) in gleicher Größenordnung wie der des Chlors (1,81 Å). Deshalb kann Brom isomorph in Chloriden mit Ionenbindung auftreten.

Grundlegende Arbeiten über die Vertretung von Chlor- durch Bromionen in den Salzgesteinen sind H. E. BOEKE (1908), E. SCHOBERT (1912), J. D'ANS & R. KÜHN (1940 u. 1944) zu verdanken:

Beim Eindampfen einer Meerwasserlösung geht das in geringer Menge vorhandene Brom isomorph in alle ausgeschiedenen Chloride ein. Die Aufnahmefähigkeit von NaCl für Br ist in fester Lösung außerordentlich gering und beträgt nur $^1/_{25}$ Gewichtsprozent des Bromgehaltes der zugehörigen Mutterlauge.

Nach E. SCHOBERT (1912, S. 47–48) liefert die Kristallisation des Systems $NaCl-NaBr-H_2O$ aus wässeriger Lösung bei 60° C eine lückenlose Mischungsreihe der wasserfreien Salze. Bei 50,67° C geht das wasserfreie NaBr in das wasserhaltige $NaBr \cdot 2H_2O$ über. Es treten nunmehr mit dem kubischen Na(Cl, Br) und dem monoklinen $Na(Cl, Br) \cdot 2H_2O$ zwei verschiedene Mischsalztypen auf. Dadurch entsteht eine Mischungslücke, die mit sinkender Temperatur stetig an Ausdehnung zunimmt. Diese Verhältnisse sind übersichtlich aus einem Gleichgewichtsschema ablesbar (Abb. 1):

Mit den Lösungen auf $a-b$ sind die Dihydratmischkristalle der Geraden $d-e$, neben den Lösungen der Strecke $c-b$ die wasserfreien Mischkristalle auf $g-f$ existenzfähig. Im Dreieck $b-e-f$ befinden sich alle drei Phasen (Lösung, Dihydrat und wasserfreie Mischkristalle) im Gleichgewicht.

Bei Temperaturerhöhung dehnt sich die Fläche $c-b-f-g$ aus. Der Bereich $a-b-e-d$ hingegen wird kleiner und ist bei 50,67° C, wo der Punkt f mit h zusammenfällt, nicht mehr vorhanden. Umgekehrt verschwindet durch Temperaturerniedrigung die Fläche $c-b-f-g$ bei 0,15° C, da die Umwandlungstemperatur für NaCl in $NaCl \cdot 2H_2O$ bei 0,15° C liegt.

Über das Verhalten beider Dihydrate geben Untersuchungen bei –10° C Auskunft.

Die Löslichkeitsisotherme für diese Temperatur deutet auf eine begrenzte Mischbarkeit hin. Nach H. E. BOEKE (1908, S. 363ff.) lassen Kristallisationen der Lösungen von K, Mg, Cl mit kleinem Bromgehalt unter gleichzeitiger Sättigung an NaCl keinen merklichen Einfluß des Kaliums für die Bromaufnahme des zuerst ausgeschiedenen kaliumfreien Steinsalzes erkennen. Hingegen ist das Steinsalz für Brom erheblich aufnahmefähiger, wenn große Mg-Gehalte in der Lösung auftreten. Der Faktor steigt dann auf $^1/_{15}$ Gewichtsprozent der Mutterlauge.

Ein Vergleich der Versuche bei 25° C und 45° C zeigt für das Steinsalz keine merkliche Temperaturabhängigkeit der Gleichgewichte bei kleinem Bromgehalt der Lösung.

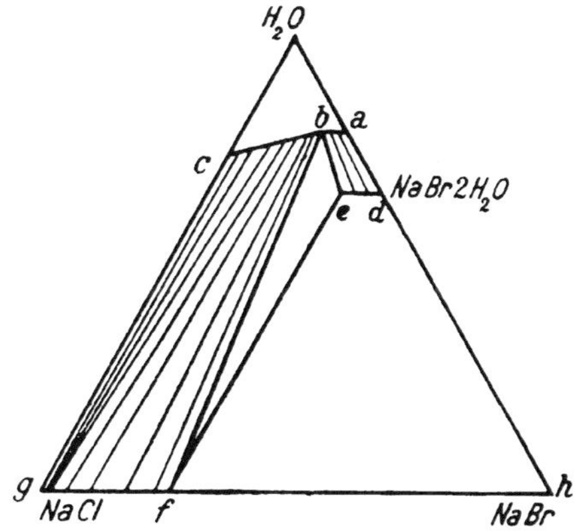

Abb. 1. Gleichgewichtsschema des Systems NaCl—NaBr—H_2O bei 25° C (nach H. E. BOEKE, 1908, S. 362)

Experimentelle Untersuchungen des Einflusses der in natürlichen Laugen vorhandenen Sulfate auf die Bromgehalte sind bisher nicht bekannt geworden.

Die Verwendbarkeit der Brommethode bei der Untersuchung stratigraphischer und genetischer Fragen in Salzlagerstätten beruht auf der gesetzmäßigen Bromaufnahme. Da das Verhältnis Br : Cl im Bodenkörper stets kleiner als in der dazugehörigen Lauge ist, reichert sich das Brom beim Kristallisationsprozeß in der Mutterlauge an.

Der Bromgehalt des auskristallisierten *gleichartigen* Halogenids steigt infolgedessen mit wachsendem Eindampfungsgrad der Lauge. Kristallisieren *verschiedene* chloridische Salze aus der gleichen Lösung nebeneinander, dann erfolgt ihre Bromaufnahme in ganz bestimmten Verhältnissen. Gegenüber Steinsalz vermögen K-Mg-Chloride größere Brommengen in ihr Gitter einzubauen. Der isomorphe Brombestandteil kann sich nur ändern, wenn das betreffende Salz durch zusitzende Laugen beeinflußt wird.

Praktisch angewandt wurden diese Gesetzmäßigkeiten bisher bei montangeologischen Arbeiten im Südharz-Kaligebiet, wo sich anhand des Bromgehaltes feststellen läßt, in welchem Teil des Staßfurtsteinsalzes ein geologischer Aufschluß steht: A. BAAR (1954 u. 1955), G. SCHULZE (1955), E. STOLLE (1956), H. GAERTNER (1957a u. 1957b), R. LANGBEIN (1957).

Eine stratigraphische Orientierung war bis dahin in diesem Steinsalzlager nicht möglich und ist insbesondere bei Bohraufschlüssen für Profilkonstruktionen sehr nützlich. Die Hauptbedeutung liegt jedoch auf dem Gebiet der Grubensicherheit, da der Horizont des Kalisalzlagers vom gasführenden (und teilweise laugenführenden!) Basalanhydrit im Südharz-Kaligebiet nur durch das im Mittel 50 m mächtige Staßfurtsteinsalz getrennt wird. Starke Abweichungen des gestauten und gezerrten Staßfurtsteinsalzes von den Normalmächtigkeiten sind nichts Ungewöhnliches.

Der Basalanhydrit gelangte durch Faltungsvorgänge häufig in das Niveau der Grubenbaue und kann beim Anfahren durch Strecken oder Bohrungen heftige Gasausbrüche, ja sogar Laugeneinbrüche verursachen.

In einer Reihe anderer Arbeiten, aus den Salzlagerstätten des deutschen Zechsteins, auf die hier nicht näher eingegangen werden kann, dienen die Bromgehalte der Stein- bzw. Kalisalze als wertvolles Kriterium im Rahmen genetischer Betrachtungen: H. E. BOEKE (1908), J. D'ANS & R. KÜHN (1940 u. 1944), R. KÜHN (1953), U. STORCK (1954), R. KÜHN (1955 a u. 1955b), R. KÜHN& A. BAAR (1955), R. KÜHN & I. SCHAACKE (1955).

Weiterhin sind einige bekannte Publikationen ausländischer Autoren zu nennen, in denen Untersuchungsergebnisse über die isomorphe Vertretung von Cl- durch Br-Ionen oder über den Bromgehalt in den Salzgesteinen mitgeteilt werden:

J. W. MORATSCHEWSKIJ & A. M. FEDOROWA (1932), N. A. SCHLESINGER & F. P. SORKIN (1935), N. A. SCHLESINGER, F. P. SORKIN & L. W. NOWOSCHENOWA (1938), S. K. TSCHIRKOW (1939), S. K. TSCHIRKOW & M. S. SCHNEE (1939), A. P. WINOGRADOW (1944), J. M. AMOROS (1946), M. L. LINDBERG (1946), J. HASLAM, E. C. ALLBERRY & G. MOSES (1950), M. G. WALJASCHKO & T. W. MANDRYKINA (1952), M. G. WALJASCHKO (1956).

Untersuchungsergebnisse

In einer größeren Arbeit, deren Veröffentlichung vorgesehen ist, wurden die Bromgehalte des Steinsalzes der vier Zechsteinzyklen im mitteldeutschen Raum erstmalig regional erfaßt. In der geplanten Arbeit bringen Verf. ein ausführliches Literaturverzeichnis. Mit Hilfe geologischer und petrographischer Untersuchungen konnten dabei neue feinstratigraphische und genetische Ergebnisse erzielt werden, die zu einem anderen Zeitpunkt noch näher zu erörtern sind.

Eine Übersicht der Schichtenfolge des Arbeitsgebietes vermittelt das Normalprofil des Zechsteins in Sachsen-Anhalt (Tabelle 1):

Die Bromverteilung im Staßfurt- und Leinesteinsalz, die hier allein interessiert, wurde graphisch dargestellt. Die Bromgehalte sind stets in ‰ angegeben, auf NaCl bezogen und auf der Ordinate abgetragen. Sie wurden analytisch bestimmt nach der von J. D'ANS & P. HÖFER (1934) und B. WANDROWSKY (1939) verbesserten Methode J. H. VAN DER MEULEN (1931). Für sämtliche Analysenergebnisse, deren Fehlergrenze bei ± 0,002‰ Br/NaCl liegt, erfolgte eine Kontrolle durch Doppel- oder Mehrfachbestimmungen. Das geologische Profil wird von links (liegend) nach rechts (hangend) auf der Abszisse wiedergegeben.

Im Zyklus II zeigt das Staßfurtsteinsalz, das unmittelbar über dem Basalanhydrit ausgeschieden wurde,

Abb. 2. Schachtanlage Aschersleben IV, UT-Bohrung Schierstedt 2/55, 455 m-Sohle Bromverteilung im Staßfurtsteinsalz

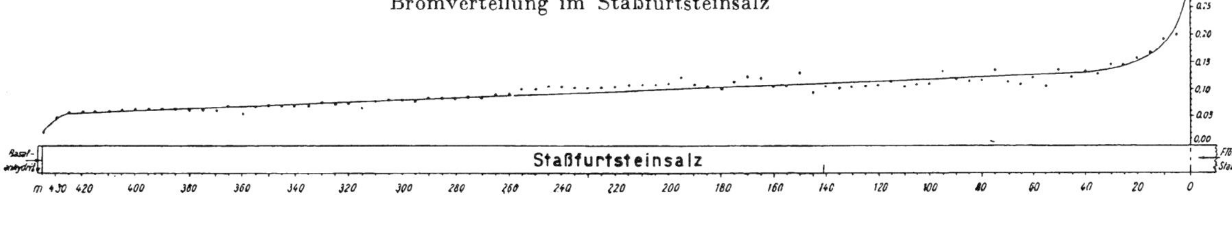

Tabelle 1

Zyklus	Schicht	Mächtigkeit
Zyklus IV (Allerzyklus)	Zechsteinletten	
	Grenzanhydrit	~ 0,20 m
	Allersteinsalz	~ 10 – > 40 m
	Pegmatitanhydrit	~ 1 m
	Roter Salzton	~ 3 – 12 m
Zyklus III (Leinezyklus)	Leinesteinsalz	~ 40 – > 100 m
	Hauptanhydrit	~ 25 – 65 m
	Grauer Salzton	~ 5 – 10 m
Zyklus II (Staßfurtzyklus)	Decksteinsalz	~ 2 m
	Flöz Staßfurt	~ 0 – 40 m
	Staßfurtsteinsalz	< 100 – > 500 m
	Basalanhydrit	~ 2 – 3 m
	Stinkschiefer	~ 6 – 10 m
Zyklus I (Werrazyklus)	Oberer Werraanhydrit	~ 20 – 25 m
	Werrasteinsalz	~ 0 – 8 m
	Unterer Werraanhydrit	~ 30 – 35 m
	Zechsteinkalk	~ 4 – 10 m
	Kupferschiefer	~ 0,4 m
	Zechsteinkonglomerat	~ 0 – 2 m

den niedrigsten Bromgehalt. Das entspricht einer noch relativ geringen Steinsalzkonzentration und ist völlig normal. Nach dem Hangenden wird die Mutterlauge des Staßfurtsteinsalzes in Richtung auf das Kalisalz-Flöz Staßfurt stärker eingedampft. Die Bromverteilungskurve steigt daher nahezu linear an. Sie biegt unter dem Flöz Staßfurt steil nach oben, da der nunmehr erhöhte $MgCl_2$-Anteil der Lösung eine gesteigerte Bromaufnahme zur Folge hat. Die höchsten Bromwerte des Staßfurtsteinsalzes werden unter dem Flöz Staßfurt erreicht (vgl. Bsp. Abb. 2). Der Verlauf der Bromverteilungskurve des Staßfurtsteinsalzes bestätigt in der Praxis in vollem Umfange die theoretische Konzeption.

Im Anklang an das klassische hannoversche Profil gestattet das Steinsalz des III. Zyklus, auch im mitteldeutschen Raum weitverbreitete Horizonte und Teilhorizonte auszuscheiden (Tabelle 2):

Die unteren Schichten des Leinesteinsalzes sind Gegenstand der nachfolgenden Untersuchungen. Es ist daher zweckmäßig, diese Teilhorizonte in kurzer Form zu beschreiben[1]):

Das Basissalz ist orange, bräunlich, rötlich und mitunter weißgrau gefärbt. Die in 14 Dünnschliffen ermittelten Korndurchmesser des Steinsalzes liegen zwischen 0,1 mm und 10 mm. Es herrschen Werte von 0,3 mm bis 2,5 mm vor. Charakteristisch sind zahlreiche schwarze, dunkelgraue oder bräunliche Anhydritlagen (maximal mehr als 30 deutliche „Schnüre") in geringem Abstand. Dazwischen befinden sich dünne, scharfe und verwaschene tonig-anhydritische Häutchen. In Hauptanhydritnähe, besonders über Hauptanhydrit„klippen", findet sich oft eine Umkristallisation zu glasklaren „Kristallsalz"-nestern, wo Kristalle bis zu mehreren Zentimeter Kantenlänge auftreten können.

Das Liniensalz ist weiß und grauweiß gefärbt. Es enthält teilweise „Kristallsalz" in Lagen. Die Größe der Steinsalzkristalle bewegt sich, nach den Ergebnissen von 14 Dünnschliffuntersuchungen, zwischen 0,2 mm und 10 mm. Allerdings sind, besonders in „kristallsalz"-haltigen Lagen, auch größere Individuen durchaus häufig anzutreffen. Bevorzugt treten mittlere Korngrößen zwischen 0,35 mm und 5 mm auf, so daß gegenüber dem Basissalz eine durchschnittliche Größenzunahme registriert werden kann. Das Steinsalz wird

Tabelle 2

Zyklus	Steinsalzserie	Horizont	Teilhorizont	Bemerkungen
III	Leinesteinsalz ~ 40 – > 100 m	Schwaden- und Tonflockensalz bzw.		
		Hangendes Rotes Salz ~ 10 – 50 m		Nur am Bernburger Sattel
			eigentliches Anhydritmittelsalz	Mit einem oder mehreren Anhydritmitteln
		Anhydritmittelsalz ~ 0 – 30 m	Bändersalz	Nur bei Schönebeck und Staßfurt
			Orangeaugensalz	Nur bei Staßfurt
			Übergangsschichten	Nicht überall ausgebildet
		Liniensalz ~ 0 – 50 m	Kristallsalz	Nicht überall deutlich entwickelt
			Notenliniensalz	
			Liniensalz im engeren Sinne	
			Basissalz	Meist sekundär rötlich

durchzogen von schwarzen, dunkelgrauen und braunen, scharf und verschwommen begrenzten anhydritisch-polyhalitisch-tonigen „Schnüren". Bei einem Abstand von 2 cm bis 30 cm kann die Breite dieser Lagen 3 cm Stärke erreichen.

Auffällig ist eine horizontgebundene, notenlinienartige Anordnung der anhydritischen Folien im Gebiet des oberen Allertales (Notenliniensalz).

Das Kristallsalz ist weiß, weißgrau und farblos (glasklar) und in den hangenden Partien bräunlich, orange und gelblich getönt. Das Steinsalz ist auffallend rein und

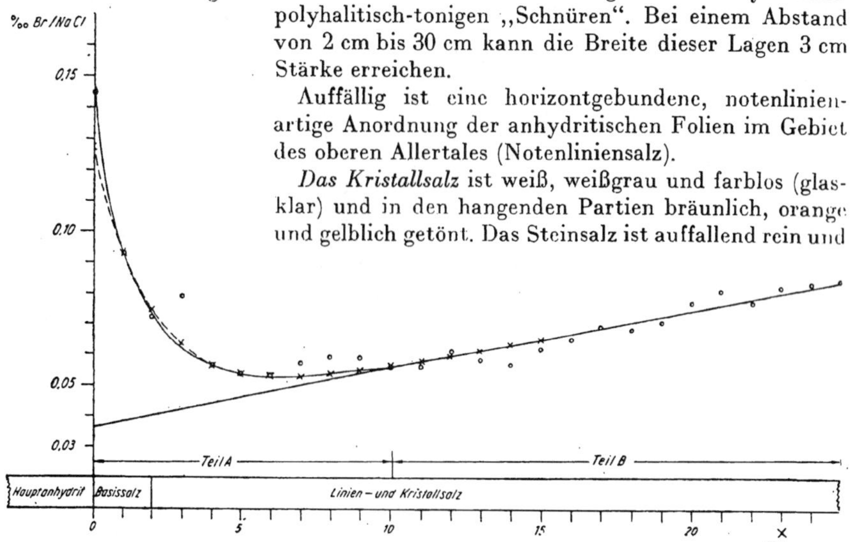

Abb. 3. Grube Schönebeck, 398,5 m-Sohle. Bromverteilung im Normalprofil des unteren Leinesteinsalzes

[1]) In der Beschreibung werden nur die gemessenen scheinbaren mittleren Korndurchmesser angegeben, da die in der Literatur (H. FREUND, 1955, S. 388) mitgeteilten Korrekturfaktoren zu unterschiedlich sind.

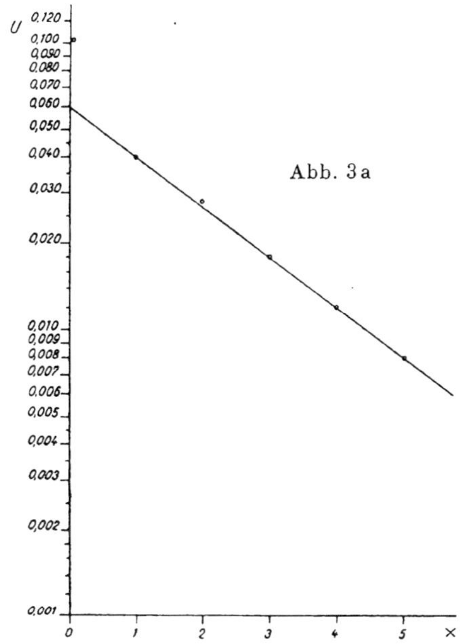

Abb. 3a

vornehmlich grobspätig ausgebildet. In 23 Dünnschliffen wurden Korngrößen zwischen 0,2 mm und 15 mm festgestellt. Jedoch sind Kristalle bis zu vielen Zentimeter Kantenlänge oftmals megaskopisch nachweisbar. Auch in den Schliffen wird die allgemeine Kornvergrößerung deutlich, wenn man die Durchschnittsgröße des Kristallsalzes (zwischen 0,8 mm und 10 mm) vergleichend mit dem Liniensalz betrachtet. Das Gestein liegt z. T. vollständig als ,,Kristallsalz" vor oder enthält zahlreiche ,,Kristallsalz"schichten und untergeordnet auch -nester. Maximal 5 cm breite, häufig verwaschene, dunkelgraue und bräunliche anhydritisch-polyhalitische Lagen treten in meist großem Abstand auf. Die Reinheit dieses Teilhorizontes läßt in manchen Gebieten die unmittelbare Verarbeitung zu Speisesalz zu.

Allen graphischen Darstellungen der Bromwerte im Basissalz des Leinezyklus sind auffällig hohe Gehalte über dem Hauptanhydrit eigen, die hangendwärts innerhalb weniger Meter steil auf niedrige Werte abfallen. Anschließend steigen die Kurven im Liniensalz wieder nahezu linear an (vgl. Bsp. Abb. 3 u. 4).

Diese Verhältnisse widersprechen den Erwartungen da im Normalfall die Steinsalzschicht, die zuerst über dem Hauptanhydrit abgelagert wurde, niedrige Werte zeigen müßte.

Eine syngenetische Deutung der hohen Bromgehalte des Basissalzes scheidet aus. Mit der Bildung des Grauen Salztones und Hauptanhydrits wurde das Becken vom offenen Ozean her überflutet. Die bromreiche Mutterlauge des Flözes Staßfurt muß dabei vor der Sedimentation des Basissalzes tiefreichend verdünnt worden sein; denn der Hauptanhydrit weist nach G. RICHTER-BERNBURG (1955, S. 607) im Liegenden der ,,Schwarzen Tonlage" eine korrodierte Oberfläche

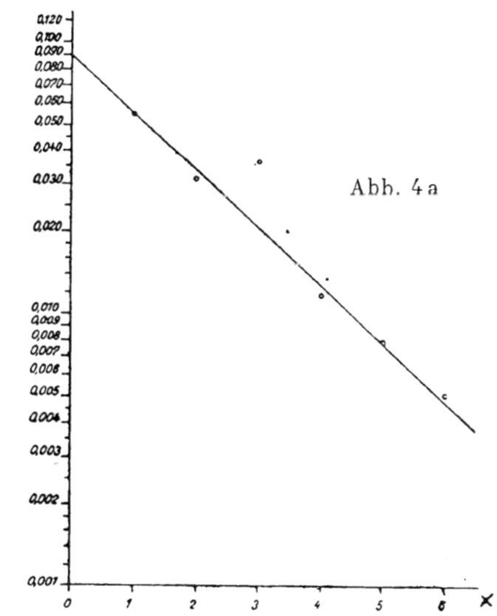

Abb. 4a

auf. Diese Anlösungserscheinungen sind auch im mitteldeutschen Raum nachweisbar (Abb. 5):

Zahlreiche Beobachtungen weisen darauf hin, daß der hohe Bromgehalt über dem Hauptanhydrit nur epigenetisch bedingt sein kann. Hoch bromhaltige Laugen aus dem Flöz Staßfurt folgten dem Druckgefälle und migrierten vornehmlich auf Klüften des Grauen Salztones und Hauptanhydrits in das hangende Leinesteinsalz. Hier fand offenbar ein Cl-Br-Ionenaustausch statt, der den Steinsalzschichten über dem Hauptanhydrit sekundär einen höheren Bromgehalt aufprägte. Als Beweis dafür sind anzuführen:

a) In mehreren Aufschlüssen eines Grubengebäudes lassen sich stark schwankende Bromgehalte im Basissalz über dem Hauptanhydrit feststellen.

b) Werden normalerweise niedrig bromhaltige Salze vom Hauptanhydrit unterlagert, dann treten in diesen Salzen höhere Bromwerte auf.

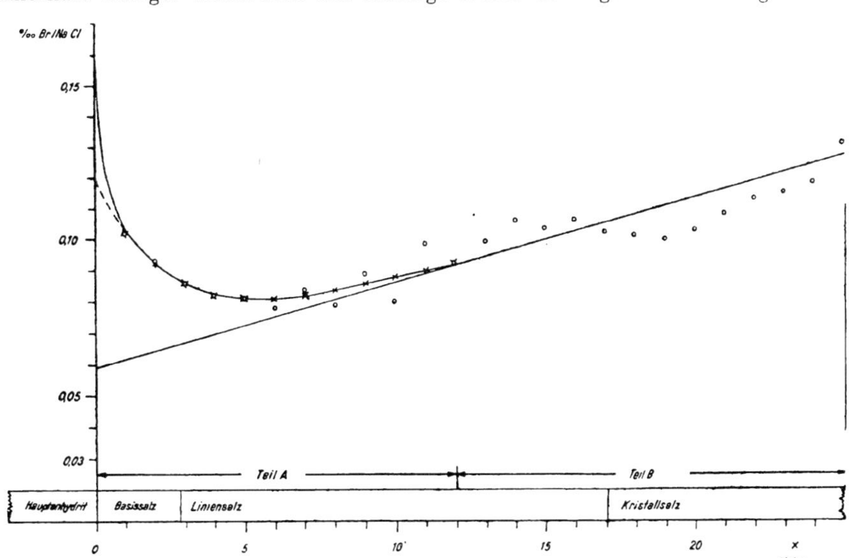

Abb. 4. Grube Bernburg-Gröna, Steinsalzfeld. Bromverteilung im Normalprofil des unteren Leinesteinsalzes

Abb. 5. Grube Schönebeck, 398,5 m-Sohle. Anschliff aus der Hangendpartie des Hauptanhydrits: Korrodierte Oberfläche des Anhydrits unter der „Schwarzen Tonlage“ (im Bild ganz oben)

c) Die bekannte sekundäre Rotfärbung der Steinsalzschichten über dem Hauptanhydrit kann nur durch den Aufstieg wässeriger Lösungen aus dem Liegenden erklärt werden.

d) Die Laugenaufstiegswege sind heute noch in zahlreichen Aufschlüssen nachweisbar. Sie liegen als Steinsalz- und (oder) Kalisalzkluftfüllungen im Grauen Salzton und Hauptanhydrit vor. Dieses Kluftsteinsalz zeigt durchweg hohe Bromgehalte.

e) Die Möglichkeit eines Cl-Br-Ionenaustausches in der Lagerstätte wurde durch J. D'ANS und Mitarbeiter (R. KÜHN, 1955a, S. 6–7) experimentell belegt. Das System Kristall-Lauge ist dabei bestrebt, sich ins Bromgleichgewicht zu setzen.

Diese Vorgänge lassen sich rechnerisch erfassen. Es ist möglich, eine Gleichung abzuleiten, die den Bromgehalt des Leinesteinsalzes in Abhängigkeit von der Entfernung zum Hauptanhydrit wiedergibt. Im Gegensatz zum Grauen Salzton und Hauptanhydrit, die zur Kluftbildung neigen, konnte die aufsteigende Lauge im plastischen Steinsalz nur interkristallin wandern und eine geringe Strömungsgeschwindigkeit erreichen. Demzufolge stand genügend Zeit für den Br-Cl-Ionenaustausch zur Verfügung, so daß sich ein Gleichgewicht einstellen konnte.

Der Ionenaustausch wurde begünstigt durch die relativ geringen Korngrößen, die in den unteren Schichten des Leinesteinsalzes auftreten.

Betrachtet man eine X Meter vom Liegenden entfernte sehr dünne Schicht im Steinsalz, so muß die Brommenge im Steinsalz und in der zugeführten Lauge pro Quadratmeter vor und nach dem Br-Cl-Ionenaustausch gleich sein. Daraus ergibt sich die Gleichung:

$$a_1 + b_1 = a_2 + b_2 \qquad \text{I}$$

a_1 = Brommenge des Steinsalzes vor Einstellung des Gleichgewichtes [kg/m²]
b_1 = Brommenge der Lauge vor Einstellung des Gleichgewichtes [kg/m²]
a_2 = Brommenge des Steinsalzes nach Einstellung des Gleichgewichtes [kg/m²]
b_2 = Brommenge der Lauge nach Einstellung des Gleichgewichtes [kg/m²]

Ist die betrachtete Schicht dX Meter mächtig und γ_1 das spezifische Gewicht von Steinsalz, dann erhält man a_1 aus dem primären Bromgehalt des Salzgesteins nach der Beziehung:

$$a_1 = Z\,dX\,\gamma_1$$

Z = Primärer Bromgehalt [‰Br/NaCl] des Salzgesteins. Entsprechendes gilt für den derzeitig vorhandenen Bromgehalt:

$$a_2 = Y\,dX\,\gamma_1$$

Y = Sekundärer Bromgehalt [‰Br/NaCl] des Salzgesteins nach dem Gleichgewicht.

Die zugeführte Lauge wurde aus dem liegenden Kalisalzlager abgepreßt und hatte einen hohen $MgCl_2$-Gehalt. Da sie die 15fache Brommenge (Faktor nach R. KÜHN, 1955a) des Steinsalzes enthält, mit dem sie sich im Gleichgewicht befindet, ergibt sich:

$$b_2 = 15\gamma_2\,p\,Y$$

γ_2 = Spezifisches Gewicht der Lauge
p = Mächtigkeit der Laugensäule [m]

Die zugeführte Lauge stand im Gleichgewicht mit der Steinsalzschicht, die X–dX Meter vom Hauptanhydrit entfernt ist. An dieser Stelle hat das Steinsalz einen Bromwert von Y–dY [‰Br/NaCl].

Dementsprechend gilt:

$$b_1 = 15\,p\,(Y - dY)\,\gamma_2$$

Somit erhält die Gleichung I die Form:

$$Z\,\gamma_1\,dX + 15\,\gamma_2\,p\,(Y - dY) = Y\,\gamma_1\,dX + 15\,\gamma_2\,p\,Y \qquad \text{II}$$

Bei einem allmählichen progressiven Eindampfungsprozeß, der nicht durch Meerwasserzufuhr gestört wird, steigt der primäre Bromgehalt praktisch linear an (vgl. Abb. 2). Infolgedessen ist

$$Z = m\,X + n$$

m = Anstieg des primären Bromgehaltes $\left[\frac{‰\ Br/NaCl}{m}\right]$

n = Primärer Bromgehalt [‰ Br/NaCl] unmittelbar über dem Hauptanhydrit.

Berücksichtigt man diese Beziehung in Gleichung II, so ist:

$$\gamma_1\,dX\,(m\,X + n) + 15\,\gamma_2\,p\,(Y - d\,Y) = Y\,\gamma_1\,dX + 15\,\gamma_2\,p\,Y$$

oder

$$\frac{\gamma_2}{\gamma_1}\,15\,p\,\frac{dY}{dX} + Y - m\,X - n = 0 \qquad \text{III}$$

Gleichung III stellt eine Differentialgleichung dar, deren Lösung

$$Y e^{\int \frac{dX\,\gamma_1}{15\,p\,\gamma_2}} = \int \left(\frac{\gamma_1}{\gamma_2}\frac{m}{15\,p}\,X + \frac{\gamma_1}{\gamma_2}\frac{n}{15\,p}\right) e^{\int \frac{\gamma_1}{\gamma_2}\frac{dX}{15\,p}}\,dX$$

oder

$$Y = m\,X + n - 15\,\frac{\gamma_2}{\gamma_1}\,p\,m + c\,e^{\frac{-X\,\gamma_1}{15\,p\,\gamma_2}} \qquad \text{IV}$$

ist.

Die Integrationskonstante c läßt sich wie folgt bestimmen: Für den Fall

$$X = 0$$

wird die Gleichung IV:

$$Y = n - 15\,\frac{\gamma_2}{\gamma_1}\,p\,m + c \qquad \text{V}$$

In Gleichung I ist dann

$$a_1 = n\,\gamma_1\,dX$$

und

$$b_1 = p\,\gamma_2\,q$$

q = unbekannter primärer Bromgehalt der aufgestiegenen Lauge [‰]

Somit berechnet sich Y aus Gleichung I zu

$$Y = \frac{1}{15}\,q \qquad \text{VI}$$

wenn dX unendlich klein wird.

Aus den Gleichungen V und VI ergibt sich

$$c = \frac{1}{15}\,q + 15\,\frac{\gamma_2}{\gamma_1}\,p\,m - n \qquad \text{VII}$$

so daß man aus den Gleichungen IV und VII

$$Y = m\,X + n - 15\,\frac{\gamma_2}{\gamma_1}\,p\,m + \left(\frac{1}{15}\,q + 15\,\frac{\gamma_2}{\gamma_1}\,p\,m - n\right) e^{\frac{-X\,\gamma_1}{15\,p\,\gamma_2}} \qquad \text{VIII}$$

erhält.

Die Gleichung VIII stellt die gesuchte Beziehung zwischen dem Bromgehalt des Steinsalzes und der zugeführten Lauge in Abhängigkeit von der Entfernung zum Hauptanhydrit dar.

Die theoretisch abgeleiteten Kurven stimmen mit den analytisch ermittelten Bromgehalten nahezu überein (vgl. Abb. 3 u. 4). Unmittelbar über dem Hauptanhydrit liegen die berechneten Werte aller Kurven etwas unter den analytisch bestimmten Bromgehalten. Diese Abweichung ist vermutlich darauf zurückzuführen, daß die Bromkonzentration der zuletzt aufgedrungenen Lauge höhere Werte erreichte als vorher.

Um die interessierenden Konstanten

m = Anstieg des primären Bromgehaltes [‰ Br/NaCl pro m]
n = primärer Bromgehalt unmittelbar über dem Hauptanhydrit [‰ Br/NaCl]
p = Mächtigkeit der Laugensäule [m]
q = primärer Bromgehalt der aufgestiegenen Lauge [‰]

zu bestimmen, geht man am besten wie folgt vor:

Die Bromverteilungskurven der Abb. 3 und 4 lassen sich in die Teile A und B gliedern. Die entsprechenden Achsenabschnitte eines beliebigen Punktes dieser Kurvenstücke werden als Y_A bzw. Y_B bezeichnet.

Während für den Teil A die Exponentialfunktion eine wesentliche Rolle spielt, hat sie im Teil B keinen nennenswerten Anteil mehr. Daher gilt für den Kurventeil B mit guter Näherung die Gleichung:

$$Y_B = m\,X + n - 15\,p\,m\,\frac{\gamma_2}{\gamma_1}$$

Somit ist die Steigung dieser Geraden

$$m = \frac{Y_{B_1} - Y_{B_2}}{X_1 - X_2} \qquad \text{IX}$$

Verlängert man das Kurvenstück B bis zum Schnittpunkt mit der Ordinate (X = 0), dann ist

$$Y_{B_0} = n - 15\,p\,m\,\frac{\gamma_2}{\gamma_1}$$

Um nun die Werte für die Exponentialfunktion

$$U = c\,e^{-\frac{X}{15\,p}\frac{\gamma_1}{\gamma_2}}$$

zu erhalten, subtrahiert man Y_B von Y_A.

Die ermittelten Differenzen U trägt man auf einfach logarithmischem Papier gegenüber X auf (Bsp. Abb. 3a u. 4a). Durch diese Punkte läßt sich eine Gerade legen. Der Schnittpunkt der Geraden mit der U-Achse ergibt den Wert c. Es ist dann leicht möglich, aus der Gleichung

$$p = \frac{\gamma_1}{\gamma_2}\,\frac{X \log e}{15\,(\log c - \log U)} \qquad \text{X}$$

p zu bestimmen, wobei U ein beliebiger Punkt der Geraden sein kann. n und q erhält man entsprechend aus den Gleichungen

$$n = Y_{B_0} + 15\,p\,m\,\frac{\gamma_2}{\gamma_1} \qquad \text{XI}$$

$$q = 15\,(Y_{B_0} + c) \qquad \text{XII}$$

Somit sind sämtliche Konstanten bekannt.

Im folgenden soll an einem praktischen Beispiel die Rechnung durchgeführt werden. Benutzt wurden die Werte der Tabelle 3 (zu Abb. 3):

Aus dem Kurventeil B (Abb. 3) erhält man nach der Gleichung IX

$$m = \frac{0{,}127 - 0{,}092}{25 - 12} = \frac{0{,}035}{13} = 0{,}0027\left[\frac{‰\,Br/NaCl}{m}\right]$$

und

$$Y_{B_0} = 0{,}059\ [‰\ Br/NaCl]$$

Die Differenzen U ergeben sich zu:

X [m]	Y [‰ Br/NaCl]	Y_B [‰ Br/NaCl]	U [‰ Br/NaCl]
0	0,161	0,059	0,102
1	0,102	0,062	0,040
2	0,093	0,065	0,028
3	0,086	0,0675	0,018
4	0,082	0,070	0,012
5	0,081	0,073	0,008

Tabelle 3. Grube Schönebeck, 398,5 m-Sohle
Bromverteilung im Normalprofil des unteren Leinesteinsalzes

Stratigraphischer Horizont	Analysenwerte % NaCl	Analysenwerte ‰ Br/NaCl	Berechnete Werte ‰ Br/NaCl	m über Hauptanhydrit
Kristallsalz	99,2	0,131		25
	96,9	0,118		24
	99,2	0,115		23
	97,7	0,113		22
	99,2	0,108		21
	98,6	0,103		20
	97,1	0,100		19
	98,6	0,101		18
Liniensalz	98,9	0,102		17
	98,9	0,106		16
	99,2	0,103		15
	98,3	0,106		14
	98,9	0,099		13
	96,6	0,092	0,092	12
	97,4	0,099	0,090	11
	89,8	0,080	0,088	10
	96,3	0,089	0,086	9
	91,0	0,079	0,083	8
	96,6	0,084	0,082	7
	98,0	0,078	0,081	6
	98,6	0,081	0,081	5
	98,3	0,082	0,082	4
	98,6	0,086	0,086	3
Basissalz	98,3	0,093	0,092	2
	98,3	0,102	0,102	1
	95,1	0,161	0,119	0
Hauptanhydrit				

Die dazugehörige Kurve zeigt Abb. 3a.

Für c wurde abgelesen:

$$c = 0{,}06\ [‰\ Br/NaCl]$$

Da $\frac{\gamma_1}{\gamma_2} = \frac{2{,}1}{1{,}3^{2)}} = 1{,}62$ beträgt, ist nach den Gleichungen X, XI und XII

$$p = \frac{1 \cdot 0{,}4343 \cdot 1{,}62}{15\,(0{,}7782 - 2 - 0{,}6021 + 2)} = \frac{0{,}4343 \cdot 1{,}62}{15 \cdot 0{,}1761}$$
$$= 0{,}268\ [m]$$

$$n = 0{,}059 + \frac{15 \cdot 0{,}165 \cdot 0{,}00273}{1{,}62} = 0{,}059 + 0{,}00416$$
$$= 0{,}063\ [‰\ Br/NaCl]$$

$$q = 15\,(0{,}06 + 0{,}059) = 15 \cdot 0{,}119 = 1{,}785\ [‰\ Br]$$

Für das zweite Beispiel wurden die Werte der Tabelle 4 benutzt:

Aus dieser Tabelle ließen sich folgende Größen für die Konstanten ermitteln (die Differenzen U gehen aus Abb. 4a hervor):

m = 0,0019 [‰ Br/NaCl pro m]
n = 0,039 [‰ Br/NaCl]
p = 0,215 [m]
q = 1,91 [‰Br]

Schlußfolgerungen

Aus der Bromverteilung in den liegenden Partien des Leinesteinsalzes kann der ursprüngliche Bromgehalt des Steinsalzes ermittelt werden, das unmittelbar über dem Hauptanhydrit abgelagert wurde (n). Darüber hinaus läßt sich der Bromgehalt der aus dem Flöz Staßfurt hochgepreßten Lauge (q) und die Mächtigkeit der zusitzenden Laugensäule (p) feststellen. Von besonderem Interesse ist die aufgestiegene Laugenmenge, da sie Rückschlüsse auf die Genese der Faziesdifferenzierung im Kalisalzlager gestattet.

Bekanntlich treten im Flöz Staßfurt Carnallitgestein, Hartsalz, langbeinitische und anhydritisch-halitische

[2]) nach B. BAUMERT (1927, S. 11–13).

Vertaubungen über- und (bzw.) nebeneinander auf. Obgleich einige Gesetzmäßigkeiten der Fazieswechsel erkannt wurden (z. B. fehlt der Langbeinitfuß bei carnallitischem Lager usw.), ist es bis heute noch nicht möglich, dem Bergbau mit Sicherheit vorauszusagen, wie das Flöz Staßfurt in unverritzten Feldesteilen entwickelt ist. Das ist nicht zuletzt durch große Meinungsverschiedenheiten bedingt, die über die Entstehung der Fazieswechsel herrschen.

Mit Ausnahme posthumer Prozesse im Hut der Lagerstätten lehnt E. FULDA (1924) eine nachträgliche Umwandlung des Kalisalzlagers ab. G. RICHTER-BERNBURG (1955) und F. LOTZE (1938) nehmen an, daß die verschiedenen Ausbildungsformen großräumig betrachtet eine primäre Anlage haben. Die Mehrzahl der deutschen Autoren (u. a. O. AHLBORN, 1934; A. BAAR, 1944/45; H. BORCHERT, 1954; U. STORCK, 1937 u. 1954; A. TINNES, 1928) deutet die Fazieswechsel im Staßfurtlager Mitteldeutschlands sekundär. Als Ausgangsgestein wird zumeist Carnallitit vorausgesetzt. Durch eindringende Laugen sollen aus dem Carnallitgestein, abhängig von der Menge und dem Sättigungsgrad, $MgCl_2$ bzw. KCl herausgelöst und Hartsalz oder vertaubtes Salzgestein entstanden sein. Die Laugendurchtränkung des Kalisalzlagers wird mit Vorliebe in die Zeit orogener Bewegungen verlegt und der Tektonik ein Einfluß auf den Ablauf der Metamorphose sowie die räumliche Anordnung der Umwandlungsprodukte zugesprochen. Nach H. BORCHERT & E. BAIER (1954) liegen in verschiedenen Anhydriten des deutschen Zechsteins einige Gipspseudomorphosen vor. Aus diesem Grunde nimmt man analog zu rezenten Beispielen vielfach an, alle Anhydritgesteine seien primär als Gips abgeschieden worden. Wird eine Salzlagerstätte von mächtigen Sedimenten bedeckt, dann gelangen gewisse

Tabelle 4. Grube Bernburg-Gröna, Steinsalzfeld
Bromverteilung im Normalprofil des unteren Leinesteinsalzes

Stratigraphischer Horizont	Analysenwerte		Berechnete Werte	m über Hauptanhydrit
	% NaCl	‰ Br/NaCl	‰ Br/NaCl	
Linien- und	96,6	0,084		25
Kristallsalz	97,7	0,083		24
	95,7	0,082		23
	96,3	0,077		22
	98,6	0,081		21
	96,3	0,077		20
	98,3	0,071		19
	98,9	0,068		18
	97,1	0,069		17
	98,9	0,065		16
	98,9	0,062	0,065	15
	97,4	0,057	0,063	14
	96,6	0,058	0,061	13
	97,4	0,061	0,059	12
	98,3	0,056	0,058	11
	98,0	0,056	0,057	10
	97,1	0,059	0,055	9
	98,6	0,059	0,054	8
	98,0	0,057	0,053	7
	98,6	0,053	0,053	6
	98,6	0,054	0,054	5
	98,6	0,056	0,057	4
	98,6	0,079	0,064	3
	98,6	0,072	0,075	2
Basissalz	97,7	0,093	0,093	1
	97,1	0,145	0,127	0
Hauptanhydrit				

Tabelle 5

Aufschluß	Fazies d. liegenden Flözes Staßfurt	Laugensäule [m]
Grube Marie	Hartsalz	0,25
Grube Schönebeck	Carnallitgestein	0,27
Grube Ludwig II (Feld Anhalt)	Carnallitgestein	0,27
Grube Ludwig II (Feld Preußen)	Carnallitgestein	0,33
Grube Neustaßfurt VI	Carnallitgestein	0,20
OT-Bohrung Nordharz 1	Carnallitgestein	0,41
Grube Bernburg-Gröna	unbekannt	0,22
UT-Bohrung Bernburg-Gröna 1/55	Carnallitgestein und Hartsalz	0,23
UT-Bohrung Bernburg-Gröna 2/55	Carnallitgestein und Hartsalz	0,25
UT-Bohrung Bernburg-Gröna 3/55	Carnallitgestein und Hartsalz	0,47
UT-Bohrung Bernburg-Gröna 6/55	Hartsalz	0,59

Mineralien leicht in Temperatur-/Druckbereiche, in denen sie nicht mehr beständig sind. Die Lauge, die erforderlich war, um die Kalisalze umzubilden, wird daher auf eine hydro-thermo-metamorphe Entstehung der liegenden Anhydrite oder auf die Umwandlung kristallwasserhaltiger (Na-)Mg-Sulfate der Übergangsschichten unter dem Flöz Staßfurt zurückgeführt.

Aus der Bromverteilung basaler Schichten des Leinesteinsalzes in 11 Aufschlüssen des Magdeburg-Halberstädter-Beckens resultieren jedoch nur relativ unbedeutende Laugenmengen. Die Bestimmung dieser Werte erfolgte in der gleichen Weise, wie oben an 2 Beispielen ausgeführt wurde. Die Laugensäule, die vornehmlich von Klüften des Hauptanhydrits aus in das hangende Steinsalz eindrang, war in keinem Fall über 0,6 m mächtig (vgl. Tabelle 5):

Diese äußerst geringen Laugenmengen, die vermutlich als Restlauge aufzufassen sind, können keinen nennenswerten Einfluß auf die Faziesgrenzen des Kalisalzlagers im Untersuchungsraum ausgeübt haben. Das führt zwangsläufig zu dem Schluß, *daß die Faziesdifferenzierung des Flözes Staßfurt bereits vor der Sedimentation des Leinesteinsalzes praktisch abgeschlossen gewesen sein muß.* Für die Metamorphose der Kalisalzlager kommt daher authigenen Laugen, die von einem geothermalen Schmelzprozeß herrühren, keine Bedeutung zu.

Falls sich Astrakanit, Hexahydrat, Epsomit und Kainit überhaupt primär ausgeschieden haben, ist eine syngenetische oder frühdiagenetische Umwandlung zu den heute vorliegenden kristallwasserfreien oder -ärmeren Mineralien Vanthoffit, Löweit, Kieserit, Langbeinit, Sylvin usw. zu fordern.

Auch die Annahme, der Werra-, Basal- und Hauptanhydrit Sachsen-Anhalts seien aus primär abgelagerten und geothermal entwässerten Gipsschichten entstanden, kann nicht länger aufrechterhalten werden. Bei einer solchen Umbildung allein des Werraanhydrits im subherzynen Becken hätte pro m^2 eine Wassermenge von ca. 40 m^3 frei werden müssen. Nach H. BORCHERT (1954, S. 132) ist es wahrscheinlich, daß eine Metamorphose der liegenden Gipsschichten in Anhydrit bei über 500 m mächtigem Staßfurtsteinsalz noch während der Ablagerung dieser Steinsalzserie vor sich gegangen ist. Auch das ändert nichts an unserer Feststellung, da bei Schönebeck die Primärmächtigkeit des Staßfurtsteinsalzes 100 m wohl kaum überschritten hat. Die Umwandlung der liegenden Gipsschichten zu Anhydrit +40 m Wassersäule hätte demzufolge in diesem Gebiet erst nach der Sedimentation des Leinesteinsalzes erfolgen können.

Falls der Hauptanhydrit ursprünglich als Gips abgeschieden und später geothermal entwässert worden wäre, hätte er eine Wassersäule von 30 m abgegeben, die bei 30° C ein Profil von über 5 m Steinsalz vollständig aufzulösen vermag. Die Feinprofile der Liegendpartien des Leinesteinsalzes, die in Sachsen-Anhalt häufig gut aufgeschlossen sind, lassen derartige Einflüsse nicht erkennen.

Zusammenfassung

Die unteren Schichten des Leinesteinsalzes weisen hohe Bromgehalte auf. Das widerspricht den Gesetzmäßigkeiten der Br-Cl-Isomorphie, denen zufolge das Steinsalz, das zuerst ausgeschieden wurde, normalerweise niedrige Bromwerte zeigen müßte.

Wie zahlreiche Beobachtungen beweisen, wurde die abweichende Bromverteilung im Steinsalz über dem Hauptanhydrit durch einen Cl-Br-Ionenaustausch mit hoch bromhaltigen Laugen verursacht, die aus dem Flöz Staßfurt in das hangende Leinesteinsalz migrierten. Dieser Vorgang läßt sich rechnerisch erfassen, wobei es gelingt, den ursprünglichen Bromgehalt des Steinsalzes, das unmittelbar über dem Hauptanhydrit abgeschieden wurde, zu ermitteln. Weiterhin kann der Bromgehalt der aufgestiegenen Lauge und die Höhe der zusitzenden Laugensäule angegeben werden. Die Lauge, die vornehmlich von Klüften des Hauptanhydrits aus in das Leinesteinsalz eindrang, war in keinem Lagerstättenbereich Sachsen-Anhalts über 0,6 m mächtig. Falls kristallwasserreiche Sulfate in den Übergangsschichten oder Kainit im Staßfurtlager überhaupt primär abgeschieden wurden, ist daher die Umbildung zu den heute vorliegenden kristallwasserfreien oder -ärmeren Mineralien bereits im syngenetischen oder frühdiagenetischen Stadium zu fordern. Die Entstehung des Werra-, Basal- und Hauptanhydrits aus geothermal entwässerten Gipsschichten ist für den mitteldeutschen Raum abzulehnen, da in diesem Falle allein der Werraanhydrit bei 40 m Mächtigkeit eine Wassersäule von über 30 m entbunden haben müßte. Im Untersuchungsgebiet haben die Faziesgrenzen des Flözes Staßfurt im wesentlichen bereits vor der Sedimentation des Leinesteinsalzes festgelegen; denn die aus der Bromverteilung ermittelte Laugenmenge konnte $MgCl_2$ oder KCL nur in unbedeutendem Maße lösen.

Zur Vorratsberechnung im Kali- und Steinsalzbergbau

ERNST STOLLE, Erfurt

Durch die am 5. Dez. 1956 von der „Zentralen Vorratskommission für mineralische Rohstoffe" herausgegebene 1. Kaliinstruktion erlangte die „Klassifikation der Lagerstättenvorräte fester mineralischer Rohstoffe" Anwendung auf das Mineralgebiet Kali- und Steinsalz. Seitdem wurden im Industriezweig zwei Vorratsberechnungen nach der neuen Klassifikation durchgeführt, nämlich vom Stand 1. 1. 1957 und 1. 1. 1958. Es ist daher möglich, zu der nunmehr in der Praxis erprobten Kaliinstruktion im besonderen und der neuen Klassifikation im allgemeinen kritisch Stellung zu nehmen. Die Instruktion wurde bereits i. J. 1957 veröffentlicht und zudem von VOGEL (1957) referiert, so daß im Rahmen dieser Arbeit auf eine ausführliche Wiedergabe verzichtet werden kann. Es sollen vielmehr ihre besonderen Vorteile behandelt und zweckmäßigerweise abzuändernde Punkte erörtert werden. Bereits in der 1. Kaliinstruktion wurde vermerkt, daß dieselbe „aus praktischen Erwägungen in vielen noch einen vorläufigen Charakter trägt". Mit vorliegender Arbeit soll ein konstruktiver Beitrag für eine endgültige Fassung der Instruktion geleistet werden.

Die früheren Vorratsberechnungen im Kalibergbau

Um eine objektive und umfassende Beurteilung der neuen Vorratsklassifikation geben zu können, scheint ein Vergleich mit den Berechnungen der Vorräte früherer Jahre erforderlich. Es mag überraschen, daß bis zum Jahre 1952 eine eigentliche Vorratsklassifikation im Kali- und Steinsalzbergbau überhaupt noch nicht existierte. Ursprünglich ermittelte man Vorräte hauptsächlich als Grundlage für die Festlegung der Beteiligungsziffer am durchschnittlichen Gesamtabsatz des Kalisyndikats nach allgemein verbindlichen Richtlinien der Kaliprüfungsstelle. Um alle Lageraufschlüsse herum — Strecken, in Gewinnung stehende oder bereits leergeförderte Blöcke und sogar abgeworfene Feldesteile — wurden in 25 m-Streifen nach vorhandenen Bemusterungsunterlagen „sichere (A-) Vorräte" durch einfache Extrapolation berechnet. Schätzungen durften nicht zugrunde gelegt werden. Solche Berechnungen wurden mit größeren, aber nicht einheitlich festgelegten Flächenabmessungen alljährlich von den Werken im eigenen Interesse wiederholt. Dabei wurden zusätzlich auch „wahrscheinliche (B-) Vorräte" ermittelt. Durch wiederholte Extrapolation von den Aufschlüssen aus erfaßte man sie durch Abrundung der A-Vorrats-Berechnungsflächen meist in Gestalt dreieckiger Flächen im Winkel zwischen A-Blöcken. Ebenfalls nur innerbetrieblich wurden bei den A-Vorräten „sofort greifbare" Mengen gesondert zusammengestellt.

Die geringe Bedeutung, die man in früheren Jahren den Vorratsermittlungen beimaß, mag darin begründet gewesen sein, daß die im Vergleich zur Gegenwart allgemein günstigeren Lagerstättenaufschlüsse als weit sicherere Basis für die Abbauplanung angesehen werden konnten. Dieses hat sich in vielen Gruben vor allem seit Kriegsende grundlegend gewandelt. Wesentliche Intensivierung der Gewinnungsarbeiten und die schnellere, sich auch auf weniger günstig entwickelte Feldesteile erstreckende Ausdehnung der Grubenfelder zwangen zu einer sorgfältigeren Ermittlung der Vorräte. Eine zuverlässige Berechnung wurde vor allem auch für das Investitionsgeschehen im Zusammenhang mit Rekonstruktion und weiterem Ausbau der Werke und ferner für die zentralen Planungsorgane unserer Wirtschaft als unerläßliche Grundlage benötigt. Zugleich mit der i. J. 1952 erfolgten Zusammenfassung aller Kali- und Steinsalzwerke der DDR in einer Hauptverwaltung wurden für den gesamten Industriezweig geltende Instruktionen zur Berechnung von Lagerstättenvorräten herausgegeben. Durch die Einteilung in A- (sichere), B- (wahrscheinliche) und C- (mögliche) Vorräte wurde eine enge Anlehnung an die seit Beginn des Jahrhunderts schon international gebräuchliche, vor allem im Steinkohlen- und Erzbergbau in Anwendung stehende Vorratsklassifikation erzielt. Vorräte aller drei Klassen wurden zu den ,,Geologischen Vorräten" zusammengefaßt, aus denen nach Abzug der Abbauverluste und Sicherheitspfeiler die ,,Industriellen Vorräte" hervorgingen. Verändert war die neue Berechnungsweise gegenüber der ursprünglichen, oben skizzierten, nicht im Prinzip, sondern nur hinsichtlich der Abmessungen. Die A-Vorräte sollten für jede Mineralart gesondert im Werrarevier bis 100 m und in den übrigen Kalirevieren bis 50 m um die Aufschlüsse herum auf Grundlage einer Bemusterung berechnet und nachfolgend für rein betriebliche Planung in A_1- (sofort greifbare) und A_2-Vorräte (restlich aufgeschlossene sichere) untergliedert werden. Eingehende Vorschriften über Art und Umfang der verlangten Bemusterung existierten nicht. Für die Ausblockung der sich feldwärts anschließenden B-Vorräte wurde eine Entfernung von bergmännischen Aufschlüssen und Tiefbohrungen bis 600 m an der Werra und 300 m in den übrigen Revieren als Berechnungsgrundlage für richtig befunden. Es war bald zu erkennen, daß man dabei die Gleichmäßigkeit der Lagerausbildung überschätzt hatte. Man reduzierte i. J. 1954 die Berechnungsgürtel der B-Vorräte auf 400 bzw. 200 m maximale Reichweite von den Aufschlüssen, um zu einer realeren Einschätzung zu gelangen. Die C-Vorräte wurden im Anschluß an die B-Vorräte bis zur Markscheide berechnet. Bei den B- und C-Vorräten mußte man sich wegen Fehlens unmittelbarer Aufschlüsse auf Berechnungsunterlagen der A-Vorräte, auf Untersuchungsbohrungen sowie auf allgemeine geologische Erkenntnisse stützen. Die summarische Berechnung als Kalisalze wurde nach Möglichkeit durch eine nur geschätzte prozentuale Aufgliederung in Hartsalz und Carnallit ergänzt. Angefahrene Vertaubungen oder lokale Auslaugungen wurden, soweit sie in ihrer wahren Verbreitung nicht ausgehalten werden konnten, mit 50 m umgrenzt und gestatteten nur ein feldwärtiges Angrenzen von C-Vorräten. Ein befriedigendes Maß an Sicherheit konnte allein für die durch einfache Extrapolation bestimmten A-Vorräte dank vorsichtig bemessener Berechnungsflächen, unmittelbarer Aufschlüsse und direkter Bemusterung erzielt werden. Der praktische Wert der Gesamtsumme wurde aber wegen Nichtberücksichtigung der Faktoren Bauwürdigkeit und Gewinnbarkeit stark gemindert. Den ausschließlich durch wiederholte Extrapolation ermittelten und auf keinerlei eigene Untersuchungsergebnisse gestützten B-Vorräten haftete in sehr vielen Fällen von vornherein ein sehr hypothetischer Charakter an, es sei denn, daß geologisch sehr gut überschaubare Verhältnisse vorlagen.

Abschließend sei eine kurze Betrachtung der Möglichkeiten praktischer Auswertung der früheren Vorratsberechnungen gegeben. Ein wirkliches Interesse bestand auf seiten des Betriebes und der übergeordneten Instanzen eigentlich nur für die Gesamtsumme der A-Vorräte, insbesondere der derzeit gewinnbaren. Eine systematische Auswertung der detaillierten Berechnung für Planung und Durchführung des Abbaus erfolgte nur in geringem Maße, da bei der meist schnellen Durchörterung der relativ schmalen A-Vorratsgürtel ein Großteil der jährlichen Förderung bereits den B-Vorräten entnommen werden mußte. Bei diesen waren aber in den meisten Fällen nur die Einzelblockberechnungen mit Angabe der geschätzten Hartsalz- und Carnallitanteile von Interesse, während die Gesamtvorratszahl mit summarischer Kalisalzangabe einen nur bedingt brauchbaren Wert darstellte. Auf Grund dieser widerspruchsvollen Verhältnisse konnte eine exakte Bilanzierung der Vorräte nicht erfolgen. Auf diese durfte aber weder bei betrieblicher noch bei gesamtvolkswirtschaftlicher Planung verzichtet werden. Die Kaliindustrie hat daher die Einführung einer neuen, bessere Erfolge versprechenden Vorratsklassifikation grundsätzlich begrüßt, wenn zunächst auch das Fehlen jeglicher Vergleichsmöglichkeit der neuen Berechnungen mit denen der vorausgegangenen Jahre allgemein bedauert wurde.

Die neue Vorratsklassifikation

Es haben bei der neuen Klassifizierung die Gesichtspunkte des bergmännischen Aufschlusses, der qualitativen und quantitativen Vorratsfeststellung, der Bauwürdigkeit sowie die Bedingungen des Abbaus und der Verarbeitung in idealer Weise Berücksichtigung gefunden. Die Vielzahl der bei der Vorratseinstufung zu beachtenden Faktoren bedingte die Einführung von insgesamt fünf Vorratsklassen, A_1, A_2, B, C_1 und C_2. Ein Versuch, die altgebräuchlichen Bezeichnungen ,,sicher", ,,wahrscheinlich" und ,,möglich" auf diese Klassen zu übertragen, wäre wegen des ganz neuen Inhaltes derselben müßig. Eine gewisse Mittelstellung, die die neuen Klassen teilweise zwischen den alten einnehmen würden, steht einer Parallelisierung ohnehin im Wege. Allein die Klasse C_2 läßt sich etwa mit der alten C-Klasse gleichsetzen. Wie jene erfaßt sie die Vorräte zwischen Feldesgrenze und den grubenrandlich gelegenen Blöcken höherer Klassen auf Grund von relativ spärlichen Anhaltspunkten.

Bei Betrachtung der in der Kaliinstruktion festgelegten Bedingungen für Einstufung der Vorräte in die Vorratsklassen gilt es zu bedenken, daß dieselben auch für ausschließliche Erkundungsobjekte verbindlich sein mußten. Wenn z. B. in Gruben die randlichen Neuauffahrungen nur die Ergänzung der abgebauten Vorräte zum Ziele haben, dann ist die für Klasse C_1 bestehende Forderung nach Klärung der hydrogeologischen Verhältnisse in solchen Fällen natürlich nicht von Gültigkeit.

Primärer Faktor des Prinzips der Vorratseinstufung ist der Grad bergmännischer Erschließung. Ein-, zwei-, drei- und vierseitige Blockumfahrung sind für die jeweilige Einstufung in die Klasse C_1 bzw. B, A_2 und A_1 erforderlich; generell sind 300 m als maximale Blockkantenlänge festgelegt. Für die Klassen A_1 bis C_1 wird eine direkte Bemusterung verlangt. Die Ergebnisse in Abstimmung mit den allgemeinen geologischen Verhältnissen müssen die für die einzelnen Klassen geforderte Sicherheit der Vorratsangabe garantieren. Bei schwer überschaubaren Verhältnissen, z. B. bei unregelmäßigen Wechseln der Fazies, der Mächtigkeiten oder der Gehalte werden die Vorräte mit Ausnahme der von C_1 in die nächstniedere Klasse eingestuft. Da ein gewisser Grad von Unbeständigkeit fast allen Lagerstätten anhaftet, können, außer der vierseitigen Blockumfahrung, die für Klasse A_1 gestellten Bedingungen in den seltensten Fällen erfüllt werden. Daher wurde auf Berechnung von A_1-Vorräten ganz allgemein verzichtet. Wegen ähnlicher Schwierigkeiten in anderen Mineralgebieten ist u. U. mit einer generellen Abschaffung der Klasse A_1 zu rechnen.

Die außerordentlich großräumige Entwicklung der Salzlagerstätten und der enorme Gesamtumfang alljährlicher Streckenauffahrungen erfordern eine gewisse Großzügigkeit des Bemusterungssystems. So kann für die einzelnen Klassen in methodischer Hinsicht im allgemeinen keine grundsätzlich unterschiedliche Bemusterung durchgeführt werden. Ein quantitativer Unterschied ergibt sich in Abhängigkeit von dem bergmännischen Aufschlußgrad. Einer fortgeschrittneren Streckenumfahrung der Blöcke entspricht demzufolge eine größere Anzahl von Bemusterungspunkten. Eingehendere Untersuchungen erfolgen zwar bei besonderen Erfordernissen, können an sich aber unmittelbar keine entsprechend höhere Vorratseinstufung bedingen.

Wie die Bemusterung, so werden auch die Dokumentation und rißliche Darstellung für die Klassen A_2, B und C_1 im Prinzip gleichartig durchgeführt.

In der Kaliinstruktion wird hinsichtlich der bergtechnischen Verhältnisse nur für die Klassen A_2 und B die für den weiteren Aufschluß und den Abbau notwendige Klärung verlangt. Ein gleiches gilt selbstverständlich für die Qualität des Rohstoffs und die Technologie der Verarbeitung. Für die C_1-Vorräte werden in diesen Punkten nur Feststellungen ,,in den Grundzügen für die Lagerstätten als Ganzes" bzw. ,,auf Grund weniger Aufschlüsse" vorausgesetzt. In den Bergbaubetrieben muß aber gegenwärtig noch ein erheblicher Teil der C_1-Vorräte zur Gewinnung mit herangezogen werden. Darum müssen die soeben benannten Forderungen in der Praxis etwas höher gesetzt werden, als es die Instruktion verlangt. Da in der DDR heute eine fast ständige geologische Bearbeitung aller Gruben erfolgt, kann für die C_1-Vorräte in den meisten Fällen eine annähernd brauchbare Einschätzung aller genannten Faktoren vorgenommen werden. Bei der nur einseitig möglichen Untersuchung der C_1-Blöcke scheinen zwar die statthaften Dimensionen etwas zu groß; doch wegen der oben hervorgehobenen Bedeutung der Klasse C_1 möchte man nach Möglichkeit ein Zusammenfallen der Berechnungs- und der Abbaublöcke erzielen. Dies wird bei den höheren Klassen ja ohnehin gefordert. Grundsätzliche Bedenken sind jedoch gegen die in der Instruktion angegebene Möglichkeit einer C_1-Vorratsfestlegung durch Extrapolation um 250 m im Anschluß an nichtextrapolierte Vorratsblöcke höherer Kategorien anzumelden. Eine solche Maßnahme würde bedingen, daß man die C_2-Vorräte, die ,,durch Extrapolation im Anschluß an nichtextrapolierte Vorratsblöcke bis zur Markscheide berechnet werden", ihrer wesentlichsten Berechnungsgrundlage beraubt und zum größten Teil an bereits extrapolierte Blöcke angrenzen ließe. Gegen eine solche wiederholte Extrapolation aber wendet sich die ZVK mit Recht (STAMMBERGER, 1957). Außerdem wären solche Berechnungen von C_1-Vorräten durch keinerlei eigene Untersuchungsergebnisse gestützt. Auf solche kann aber bei dieser Klasse keinesfalls verzichtet werden. Dies würde eine Verwässerung ihrer gegenwärtig beachtlichen praktischen Bedeutung nach sich ziehen. Einer Überprüfung bedarf auch, ob der für C_1-Vorratsausblockung zulässige Abstand zwischen Tiefbohrungen von 800 m nicht auf ausschließlich in Erkundung befindliche Lagerstätten zu beschränken sei. Für Aufschlußarbeiten, die nur die Vorratsergänzung randlich von Abbaufeldern zum Ziele haben, scheinen solche Dimensionen etwas zu groß. Da im allgemeinen für Abbauplanung und Vorratsbilanzierung die Gesamtsumme der $A_2 + B + C_1$-Vorräte zugrunde zu legen ist, wird für innerbetriebliche Zwecke aus dieser Summe der nicht bergmännisch, sondern durch UT- oder OT-Bohrungen erschlossene Vorrat in jedem Fall zunächst ausgehalten.

Die Bauwürdigkeit ist ein entscheidender Faktor bei der Bewertung der Vorräte. Wegen der Abhängigkeit von technisch-wirtschaftlichen Bedingungen ist sie eine entsprechend veränderliche Größe. Durch die gesonderte Berechnung von Bilanz- und Außerbilanzvorräten, ohne daß dabei die Klassen vom Grad der Bauwürdigkeit beeinflußt werden, wird letzterer in idealer Weise Rechnung getragen. Für die mit kleinen Buchstaben a_2-c_2 zu bezeichnenden Klassen der Außerbilanzvorräte werden hinsichtlich des bergmännischen Aufschlußgrades und der Methodik und Sicherheit der Vorratsermittlungen die gleichen Forderungen wie für die Bilanzvorräte gestellt. Dadurch ist es möglich, bei eventuellen späteren Verschiebungen der Bauwürdigkeitsgrenze ohne nochmalige Neuberechnung eine sofortige Eingliederung der Blöcke in die jeweilige Klasse der Bilanzvorräte vorzunehmen. Der Begriff Bauwürdigkeit hat nicht nur mit den Mächtigkeiten und Gehalten der Lagerstätte etwas zu tun, sondern kann auch mit Problemen lokal oder generell noch ungelöster Gewinnungs- und Verarbeitungsverfahren eng verknüpft sein. Das trifft z. B. für die reichen Carnallitvorkommen in Gruben der Hartsalzwerke des Südharzgebietes zu. Diese Salze wären nach Lösung des Endlaugenproblems und Schaffung fabrikatorischer Verarbeitungsanlagen bei der Vorratsberechnung sofort unter einem ganz anderen Aspekt zu bewerten. Eine Unterscheidungsmöglichkeit solcher Vorkommen von den im eigentlichen Sinne unbauwürdigen Außerbilanzvorräten wurde in einfacher Weise durch Einführung des Begriffes ,,bedingte Außerbilanzvorräte" geschaffen. Ziel der Industrie muß es bekanntlich sein, auch die Außerbilanzvorräte möglichst weitgehend einer wirtschaftlichen Nutzung zuzuführen. Daß aber dabei grundsätzlich unterschiedliche Maßnahmen durchzuführen sind, ist durch die getroffene Untergliederung klar dargelegt.

In der Instruktion ist die hauptsächlich in späteren Besprechungen mit der ZVK vereinbarte Behandlung der Außerbilanzvorräte nur andeutungsweise fixiert. Bei Ausarbeitung genauerer Bestimmungen über ihre Berechnung müßten vor allem für folgende Fälle noch Festlegungen getroffen werden: Carnallitvorräte im Bereich alter und derzeitiger Hartsalzbaufelder; Restfelder, die wegen unzugänglicher Lage im Grubenfeld auf vorläufig unbegrenzte Zeit einer wirtschaftlichen Nutzung entzogen sind; C_2-Vorratsflächen mit fehlenden oder nur sehr mäßigen Tiefbohraufschlüssen; ewige und befristete Sicherheitspfeiler.

Zur 1. Kaliinstruktion

Es sollen aus derselben wegen des unmittelbaren Zusammenhanges mit der soeben erörterten Bauwürdigkeit zuerst „der industrielle Minimalgehalt und der geologische Schwellengehalt für Kali- und Steinsalzlagerstätten" behandelt werden. Leider hat die von PROKOFJEW (1956) getroffene Feststellung, daß eine einheitliche Auslegung der Begriffe industrieller Minimalgehalt und (geologischer) Schwellengehalt im Erz fehlt, auch für alle Mineralgebiete der DDR Gültigkeit. Nach genanntem Autor muß der industrielle Minimalgehalt als minimaler industrieller Durchschnittsgehalt an nutzbarer Komponente in einer gewissen Rohstoffmenge, der Schwellengehalt dagegen als untere Gehaltsgrenze an nutzbarer Komponente in den äußersten (Grenz-) Proben definiert werden. Entsprechend ist dies auch in der Kali-Instruktion festgelegt. Schon PROKOFJEW hat aber erkannt, daß die Bestimmung des industriellen Minimalgehaltes und des Schwellengehaltes komplizierte technisch-ökonomische Berechnungen erfordert, die in der SU gewöhnlich von Projektierungsinstituten oder den technischen Verwaltungen der entsprechenden Ministerien durchgeführt werden. Bei uns müssen für dergleichen exakte Ermittlungen erst einmal die geologischen Unterlagen in Form von Lagerstättenarchiven geschaffen werden. Die industriellen Minimalgehalte für die verschiedenen Gruben wurden daher nur auf Grund allgemeiner Erfahrungswerte vorläufig festgelegt. Indessen hat sich erwiesen, daß diese Zahlen eigentlich die geologischen Schwellengehalte darstellen. Sie grenzen nämlich die abbauwürdigen Partien (Bilanzvorräte) gegen nicht ohne weiteres abbauwürdige Partien (Außerbilanzvorräte) ab. Treten letztere nur gelegentlich im Grubenfeld auf und kann durch besonders hochprozentige Salze ein hinreichender Ausgleich geschaffen werden, dann steht ihrer Mitgewinnung nichts im Wege. In solchen Fällen müßte man eigentlich von bedingt, statt nicht bauwürdigen Vorräten sprechen. Mit 6% K_2O wurde für die Erfassung von Außerbilanzvorräten eine untere Grenze festgelegt. Unter dem industriellen Minimalgehalt muß etwas abweichend von der in der Instruktion gegebenen Definition vorläufig der für die Gruben beauflagte Durchschnitts-K_2O-Gehalt des Fördergutes verstanden werden, der erst durch generell erfolgende Mischung von Partien mit höherem und niedrigerem Gehalt als Mittelwert entsteht. Mit Veränderung der durchschnittlichen Lagerstättenzusammensetzung oder der technologischen Bedingungen der Verarbeitung wird er entsprechenden Abänderungen unterworfen sein und nachfolgend u. U. auch eine gewisse Neufestlegung des geologischen Schwellengehaltes erforderlich machen. Wenn in der Instruktion gesagt wird, der industrielle Minimalgehalt sei eine von der Industrie gesetzte Grenze, unter welcher eine wirtschaftliche Verarbeitung unmöglich ist, so hat letzteres nur begrenzte Gültigkeit. Es gibt Werke, wo sich selbst bei höchstmöglicher Festlegung des industriellen Minimalgehaltes eine wirtschaftliche Verarbeitung nicht erzielen läßt; auf anderen Werken wäre bei der Lagerstätte entsprechend sehr niedriger Festlegung eine Wirtschaftlichkeit des Betriebes immer noch garantiert. Das sind aber Probleme, die im Rahmen der Ökonomie des ganzen Industriezweiges zu betrachten sind. Für die begriffs- und zahlenmäßige Festlegung des industriellen Minimalgehaltes und des geologischen Schwellengehaltes aber muß vorläufig weiterhin die Beschaffenheit der Lagerstätten der ausschlaggebende Faktor bleiben.

Die übrigen Kapitel der Instruktion sollen nur kurz gestreift werden. Sie gehen in erster Linie den Erkundungsgeologen an. Diesem dürften die Ausführungen vor allem des einleitenden, allgemeinen Kapitels während seiner Ausbildung zwar schon hinreichend bekannt geworden sein, sie wurden aber der Vollständigkeit halber mit aufgenommen. Zu der gegebenen stratigraphischen Übersicht des Zechsteins müßte ergänzend bemerkt werden, daß diese nur auf die Verhältnisse in der DDR abgestimmt ist. In zwei Abschnitten werden die Forderungen der Industrie an Vorräte der Kali- und Steinsalzlagerstätten klar umrissen. Die Einbeziehung von Fragen der Sicherheit, wie mögliche Gas- und Laugengefährdung, in die bei der Vorratserkundung zu treffenden Feststellungen ist sehr zu begrüßen. Von VOGEL werden Angaben über Berücksichtigung von Wechselbeziehungen zwischen Mächtigkeiten und Gehalten sowie von kaliführenden Salzen unter dem Grauen Salzton vermißt. Bei sehr geringmächtigem Lager könnte die Lösung ersterer Frage vielleicht durch Anwendung von Meterprozenten erzielt werden. Solche Fälle waren aber in der Praxis bisher höchst selten gegeben; die Vorratsbewertung konnte dann meist auf dem Wege normaler Bemusterung und Berechnung erfolgen. Der zweite Punkt wird bei Berechnung von Abbauverlusten berücksichtigt. Zweckmäßiger wäre es allerdings, die gegen das Hangende anzubauende Bank aus der Berechnung von vornherein herauszulassen.

In einem Abschnitt wurde der Versuch unternommen, die Salzlagerstätten der DDR nach Form, Struktur, Salztektonik und anderen Gesichtspunkten in mehrere Lagerstättentypen zu gruppieren, nämlich in Werra-, Südharz- und Staßfurter Lagerstätten sowie Salzstöcke des norddeutschen Flachlandes. Zu ihrer Erkundung seien nach Art und Umfang unterschiedliche Maßnahmen durchzuführen. Für die Vorratsberechnung sollen verschiedene Voraussetzungen erfüllt sein. Diesbezügliche Einzelhinweise sind jedoch nicht gegeben. Allerdings kann darauf auch verzichtet werden, weil alle notwendigen Forderungen für Erkundung und Vorratsberechnung in allgemeinverbindlicher Form schon in den anderen Kapiteln der Instruktion zu finden sind. Da zudem auch die Typisierung der Salzlagerstätten in einigen Punkten etwas problematisch ist, scheint ein Verzicht auf den gesamten Abschnitt oder zumindest eine weitgehende Umbearbeitung desselben angebracht. Vielleicht wäre es empfehlenswert, in einem besonderen Abschnitt die Bestimmungen der Kali-Instruktion etwas auf tektonisch sehr stark gestörte Lagerstätten, wie sie z. B. im oberen Allertal vorliegen, abzustimmen. Hier konnte jedenfalls eine völlig befriedigende Anwendung bisher nicht erzielt werden.

Ein sehr breiter Raum ist in der Instruktion den Forderungen zur Methodik der geologischen Erkundung von Salzlagerstätten gewidmet. Die besondere Ausführlichkeit vor allem des Abschnittes über Entnahme und Bearbeitung von Proben ist wohl in erster Linie für ausschließlich in Erkundung stehende Lagerstätten gedacht, da die Forderungen weit über das in Betriebsschächten mögliche und notwendige Maß hinausgehen. Der von STAMMBERGER 1956 erhobenen Forderung: „minimale Ausgaben bei maximalen Ergebnissen" — entsprechend dem sowjetischen Prinzip der geologischen Erkundung — muß auch in unserem Mineralgebiet Gültigkeit verschafft bzw. bewahrt werden.

Zusammenfassung

Es wurde dargelegt, daß die Art früherer Vorratsberechnungen im Kali- und Steinsalzbergbau den Anforderungen einer modernen Planwirtschaft nicht mehr entspricht. Die Notwendigkeit, auch Lagerstätten geringerer Qualität als in früheren Zeiten mit abzubauen, gibt überdies Veranlassung zu einer sorgfältigeren Vorbereitung, Durchführung und Auswertung der Berechnungen von Salzvorräten. Dafür bietet die von der „Zentralen Vorratskommission für mineralische Rohstoffe" erarbeitete neue Vorratsklassifikation in Verbindung mit einer Instruktion zu ihrer Anwendung auf Kali- und Steinsalzlagerstätten eine sehr geeignete Grundlage. Die Vielzahl der bei der Vorratsbewertung mitbestimmenden Faktoren bedingte die Einführung von insgesamt 5 Vorratsklassen, bei denen ein Vergleich mit den früheren Vorratsklassen nur sehr bedingt möglich ist.

Der Bauwürdigkeit wurde durch Unterscheidung von Bilanz- und Außerbilanzvorräten Rechnung getragen. Für diesbezüglich in der Kali-Instruktion noch fehlende Ausführungsbestimmungen wurden eine Reihe zu berücksichtigender Punkte angeführt.

Für den industriellen Minimalgehalt und den geologischen Schwellengehalt mußte die Anwendbarkeit im Kali- und Steinsalzbergbau klargestellt werden, da der betr. Abschnitt in der Instruktion den gegebenen Verhältnissen nicht völlig gerecht wird.

Dem Abschnitt über Salzlagerstättentypen ist in der vorliegenden Form noch keine praktische Bedeutung beizumessen.

Bei einigen etwas sehr detaillierten Ausführungen und recht weitgehenden Forderungen der Instruktion ist zu bedenken, daß nicht die Belange der betrieblichen Aufschlußarbeiten allein maßgeblich sein dürfen, daß vielmehr die Anwendbarkeit auch auf bisher noch unerforschte Lagerstätten garantiert sein muß.

Die seitens der ZVK protokollarisch festgelegten Zusatzbestimmungen und eine zugestandene etwas elastische Handhabung der Instruktion sicherten letzterer bisher schon eine erfolgreiche Anwendung. Wenn die inzwischen gesammelten Erfahrungen in einer Neubearbeitung ihren Niederschlag finden, dann dürfte der daraus resultierenden 2. Kali-Instruktion ein voller Erfolg von vornherein garantiert sein.

Literatur

PROKOFJEW, A. P.: Über industriellen Minimalgehalt und geologischen Schwellengehalt. Z. angew. Geol. Bd. 2 (1956), H. 4, S. 161–165.

STAMMBERGER, F.: Warum wendet sich die ZVK gegen wiederholte Extrapolation? Z. angew. Geol. Bd. 3 (1957), H. 7, S. 328–329.

– Über Ungenauigkeiten und „erlaubte Fehlergrenzen" bei Vorratsberechnungen. Z. angew. Geol. Bd. 2 (1956), H. 4, S. 180–189.

VOGEL, E.: Instruktion zur Anwendung der „Klassifikation der Lagerstättenvorräte fester mineralischer Rohstoffe" auf Kali- und Steinsalzlagerstätten. Umfassendes Referat und kritische Stellungnahme. Bergbau Technik 7. Jg. (1957), H. 10, S. 531–537.

Klassifikation der Lagerstättenvorräte fester mineralischer Rohstoffe. Z. angew. Geol. Bd. 2 (1956), H. 10, S. 448–450.

Instruktion zur Anwendung der „Klassifikation der Lagerstättenvorräte fester mineralischer Rohstoffe" auf Kali- und Steinsalzlagerstätten. Z. angew. Geol. Bd. 3 (1957), H. 2/3, S. 134–139.

Aktenunterlagen der VVB Kali, Erfurt.

Seekreide, ein wenig beachteter Rohstoff von örtlicher Bedeutung für Land- und Bauwirtschaft

OTTO GEHL, Schwerin

Für die Steigerung des Rohstoffangebots spielt die Nutzbarmachung örtlicher Reserven aus dem Boden eine entscheidende Rolle. Deren Gewinnung und Verwendung kann aus verschiedenen Gründen bisher vernachlässigt worden sein, die in der Art des Vorkommens, den Eigenschaften des Rohstoffes oder auch der allgemeinen Wirtschaftslage zu suchen sein können. Nicht selten fehlt auch nur der nachdrückliche Hinweis. Die nachfolgenden Ausführungen haben den Zweck, lagerstättenkundliche Gegebenheiten und technologische Daten der Seekreide unter Verwendung früherer Erkundungsergebnisse aus Mecklenburg zusammenzutragen und ihre wirtschaftliche Nutzung zu erörtern.

Seekreide und Wiesenkalk, in Süddeutschland Alm genannt, sind limnische Kalksedimente, die vorzugsweise als nacheiszeitliche Bildungen am Grunde der Gewässer im glazialen Aufschüttungsbereich, vor allen Dingen im Jungmoränengebiet sehr verbreitet sind. Einzelne Vorkommen ähnlicher Art gehören älteren Sedimentfolgen (Pleistozän, Tertiär, Jura) an. Es handelt sich um gräuliche bis gräulichweiße, in lufttrockenem Zustand mehr oder weniger weiße poröse Kalkgesteine, die durch organische Beimengungen vorwiegend pflanzlicher Herkunft unterschiedlich verunreinigt sind. Dadurch entstehen fließende Übergänge zu dunklen Kalkmudden oder kalkigen Gytjen.

Die Bildung erfolgt durch Ausscheidung aus den stark kalkhaltigen Grundmoränengewässern, die einerseits unter dem Einfluß assimilierender Pflanzen, andererseits durch Vorgänge wie Belüftung und Temperaturerhöhung des Wassers ausgelöst werden (OHLE, 1937). Einen nicht unerheblichen Anteil stellt auch das intakte oder zerriebene Schalenmaterial der Conchylien (HANSEN, 1950). Das komplexe Bildungsgeschehen in Verbindung mit der sehr unterschiedlichen Entwicklung vom Kalkschlamm zum mehr oder weniger festen Sediment (Diagenese) läßt sehr heterogene Rohstoffe entstehen, deren eindeutige Gliederung unter sedimentpetrographischen Gesichtspunkten noch aussteht.

Die Sedimentationsgeschwindigkeit kann unter günstigen Voraussetzungen ein hohes Ausmaß erreichen. So sind z. B. im Schweriner See seit dem Boreal, also in ca. 8000 Jahren, örtlich bis zu mehr als 10 m Seekreide entstanden und PASSARGE (1901) berichtet von 14 m Wiesenkalk bei Lychen, FIEBELKORN (1895) sogar von 6–24 m am Thymen-See.

Der $CaCO_3$-Gehalt schwankt ohne erkennbare Gesetzmäßigkeit innerhalb weiter Grenzen (vgl. Tab.). Reinere Seekreiden (Wiesenkalk), die in bergfeuchtem Zustand gräulichweiß erscheinen, enthalten zwischen 60 und 90%, im Durchschnitt 80% $CaCO_3$. Diese Gehalte sind in größerer Beständigkeit offenbar nur in Folgen von größerer Mächtigkeit festzustellen, und zwar in Übereinstimmung mit Ergebnissen von HESSLAND (1954) über Süßwasserkalksedimente in schwedischen Seen, vor allen Dingen in den mittleren Horizonten mit starker Conchylienführung, wo zuweilen Gehalte über 90% erreicht werden. Neben dem Kalkanteil ist der

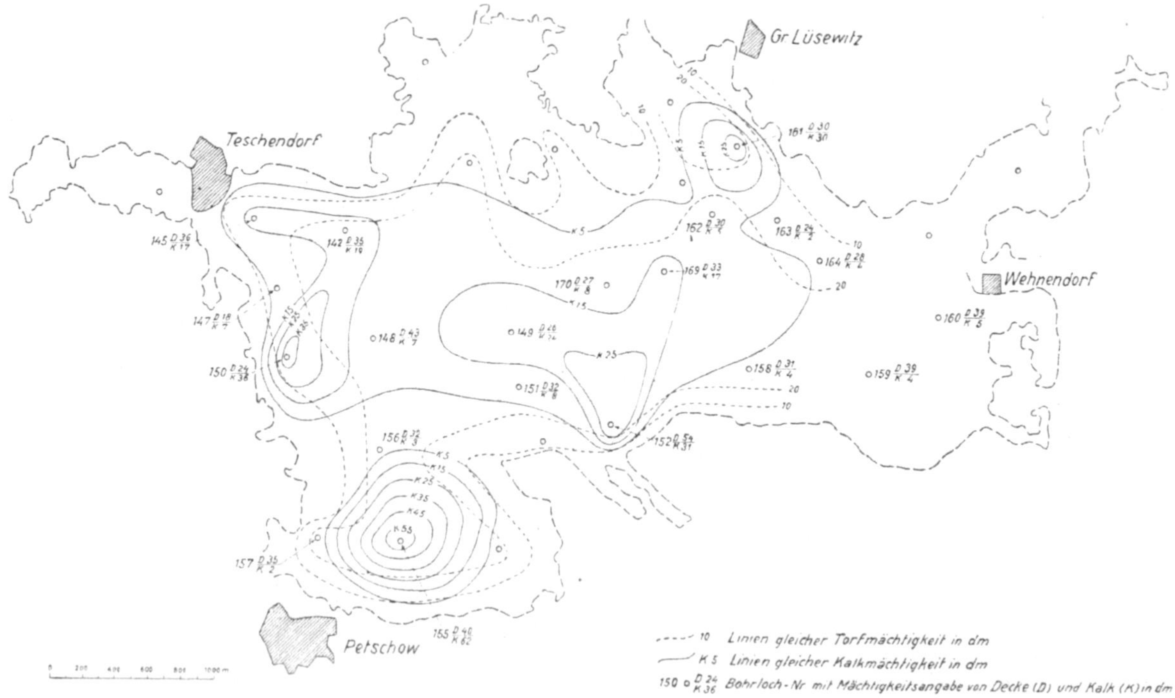

Abb. 1. Teschendorfer Moor bei Rostock; Karte der Seekreide und Torfmächtigkeit

Wassergehalt für die wirtschaftliche Nutzung von großer Bedeutung. Er ist durchweg sehr hoch und schwankt zwischen 50 und 70%. Nur Seekreiden, die infolge von natürlichen oder künstlichen Veränderungen der hydrographischen Verhältnisse im Bildungsraum oberhalb des Wasserspiegels liegen, zeichnen sich nicht nur durch geringere Wassergehalte aus, sondern sind fester und reiner, weil die ursprünglich vorhandenen organischen Beimengungen im Laufe der Zeit stärker zersetzt worden sind. Der Anteil der organischen Substanz schwankt reziprok zum Kalkgehalt und beträgt in reineren Seekreiden bis 10%. Die minerogene Komponente wird vorzugsweise von Sand gestellt und drückt sich in der Analyse durch einen Kieselsäuregehalt aus, der gewöhnlich kleiner als 10% ist. Die Diatomeenschalen spielen darin im allgemeinen eine untergeordnete Rolle. Eisen, das in limnischen Sedimenten als See- oder Sumpferz auftreten kann, oder Phosphor, der nicht selten darin als Vivianit nachgewiesen ist, kommen in der Seekreide nur mit geringen Prozenten vor.

Für die wirtschaftliche Nutzung sind neben den selteneren älteren Seekreidevorkommen nur diejenigen holozänen Kalksedimente geeignet, die bereits diagenetisch verfestigt sind. Diese subfossilen Seekreiden treten in Becken vollkommen verlandeter Seen oder den verlandeten Teilen derselben, aber auch in den Tälern

Tabelle Abbautechnische und technologische Daten verschiedener Seekreidevorkommen

Vorkommen	B. Nr.	Teufe in dm	Wassergehalt in % d. lufttr. Subst. bei 105° getr.	Wassergehalt in % der bergf. Substanz bei 105° getr.	$CaCO_3$ in % d. Trocken-subst.	Kalk-mächtigkeit in dm	Decke in dm
Zarrentin, Kr. Hagenow	4	8–11	1,1	40,8	72,9	57	6
		17–20	1,9	51,7	86,0		
		27–30	1,2	59,1	86,1		
		37–40	1,0	49,8	76,2		
		47–50	1,6	50,2	91,7		
		57–60	1,7	56,4	83,5		
		60–63	2,0	55,6	84,0		
Zierker-See-Moor, Kr. Neustrelitz	32	18–27	–	52,8	88,0	51	7
		22–58	–	72,6	66,0		
	36	15–48	–	57,5	89,3	11	3
		48–78	–	57,0	88,4		
Teschendorfer Moor bei Rostock	142	45–58	2,5	–	61,6	13	35
	149	35–50	3,0	–	79,0	24	26
	150	45–50	1,3	–	68,0	26	24
	152	54–64	1,5	–	29,0	10	54
	155	40–79	3,0	–	78,3	56	40
		79–96	2,3	–	25,1		
	161	30–38	2,3	–	59,2		
		43–53	1,5	–	45,6	30	30
		53–55	2,0	–	28,1		
	164	28–32	4,0	–	63,9	4	28
	169	35–45	2,0	–	78,2	12	33
Friedländer Große Wiese Gebiet N u. NO Mariawerth	261	10–26	–	67,2	85,1	16	10
	264	18–30	–	67,2	66,4	27	18
		30–45	–	66,5	90,0		
	268	21–30	–	71,4	81,8	9	21
	271	13–24	–	66,2	89,5	11	13

kleinerer Flüsse mit geringem Gefälle unter Torf auf. Die am Grunde heutiger Seen im status nascendi befindlichen Kalkschlamme und deren Verfestigungsprodukte im Liegenden der Schlamme, die Seekreide i. e. S., sollen hier wegen der schwierigen Erkundung und Gewinnung bei den lagerstättenkundlichen Betrachtungen unberücksichtigt bleiben. Die Verlandungsfolge über den Sanden und Tonen, als spätglazialen bzw. frühpostglazialen Einschwemmungen in den Becken, beginnt allgemein mit Seekreide. Im Lagerungsverband damit treten Sapropele und Gyttjen auf, die entweder schlammig bzw. gallertig oder, diagenetisch verändert, blättrig-fest sind. Den Abschluß der Folge bilden mehr oder minder mächtige Torfschichten, die aus verschiedener Pflanzensubstanz entstanden sind (Schilftorf, Seggentorf) und einen unterschiedlichen Zersetzungsgrad aufweisen.

Unter den mannigfaltigen Seekreidevorkommen im Jungmoränengebiet Mecklenburgs repräsentiert das Teschendorfer Moor bei Rostock den Typ eines völlig verlandeten ehemaligen Sees (vgl. Abb. 1). Die Seekreide unterlagert die Torffläche (770 ha) auf einer Fläche von ca. 440 ha in einer Mächtigkeit zwischen 0,5 und 6,2 m. Die größten Mächtigkeiten werden vorzugsweise dort erreicht, wo der ehemalige Seegrund am tiefsten unter der heutigen Oberfläche liegt. Die Kreide ist in den Hangend- und Liegendpartien vielfach mit Faulschlamm durchsetzt und erreicht nur geringmächtig größere Reinheit mit $CaCO_3$-Gehalten um 70%. Die Deckschichten sind zwischen 26 und 54 dm mächtig und würden selbst bei einer Verwendung des Torfes einen Abbau der Seekreide sehr erschweren, auf jeden Fall unrentabel machen.

Am Westufer des Zierker Sees bei Neustrelitz liegt ein Seekreidevorkommen (vgl. Abb. 2), das den zweiten, für den Abbau wesentlich geeigneteren Typ von Seekreidelagerstätten darstellt. Solche Vorkommen sind in Mecklenburg am Schweriner See (Ramper Moor, Kalkwerder), am Schaalsee bei Zarrentin und am Breiten Luzin bei Feldberg nachgewiesen und untersucht. Im Bereich der verlandeten randlichen Partien des Zierker Sees ist die Kreide auf einer Fläche von ca. 231 ha nachgewiesen und muß noch weit in das offene Wasser des Sees hineinreichend vermutet werden. Im Gegensatz zum Teschendorfer Moor bedeckt der Torf in einer Mächtigkeit von über 1 m im Randmoor des Zierker Sees nur eine Fläche von 24 ha. Der weitaus größere Teil der Wiesenkalkfläche weist nur eine Decke von 0,2 bis 0,5 m auf. Die Kreide, die durchweg unmittelbar dem pleistozänen Sand aufliegt, hat in 5 Proben aus 3 Bohrungen einen $CaCO_3$-Gehalt zwischen 61,0 und 89,3%, im Durchschnitt 71,9% ergeben. Der Vorrat beträgt ca. 4,5 Mio cbm Rohkalk, was bei der Annahme von durchschnittlich 60% Wasser und einem Nettovolumengewicht von 1400 kg/m³ ca. 2,5 Mio t Trockenkalk entspricht. Ähnlich günstige Voraussetzungen liegen bei einer Teilfläche der Wiesenkalkvorkommen am Schweriner See, dem Ramper Moor, vor, in dem bei einer Kalkmächtigkeit zwischen 4 und 15 m, im Durchschnitt 5 m, und einem Abraum von 0,4 m ein Vorrat von 5 Mio cbm berechnet wurde (TÄUBER, 1950, nach GEINITZ), was einer Trockenkalkmenge von 2,8 Mio t entspricht.

Die Seekreide hat in der Vergangenheit eine vielseitige Verwendung gefunden. Die zahlreichen Kalköfen in Mecklenburg, von denen jetzt zumeist nur noch die Hinweise in den Meßtischblättern existieren, verarbeiteten vorzugsweise Seekreide zu Branntkalk, dem in der älteren Literatur häufig eine gute Qualität nachgesagt wird. So soll das Seekreidelager am Thymen-See bei Ravensbrück, dessen Ausdehnung FIEBELKORN (1895) mit 20 ha angibt, einen guten Branntkalk mit starker Bindekraft und besonderer Eignung für Wasserbauten geliefert haben. Überhaupt werden allgemein bei dem aus Seekreide hergestellten Branntkalk schwache hydraulische Eigenschaften hervorgehoben. Das wird auch neuerdings (1948) in einem Gutachten des Mineralogisch-Petrographischen Instituts Rostock (Dr. NEELS) über gebrannte Seekreide aus dem Breiten Luzin bei Feldberg zum Ausdruck gebracht, wonach der Kalk an der Grenze zwischen Weißkalk (Fettkalk) und Wasserkalk steht und schwach hydraulisch ist. Nach einem älteren Gutachten des Materialprüfungsamtes Berlin, das DIENEMANN (1928), zitiert nach MAGER, anführt, wurde bei einer Wiesenkalkbrennerei in Verbindung mit einer Kalksandsteinfabrik im damaligen Ostpreußen ein schwach

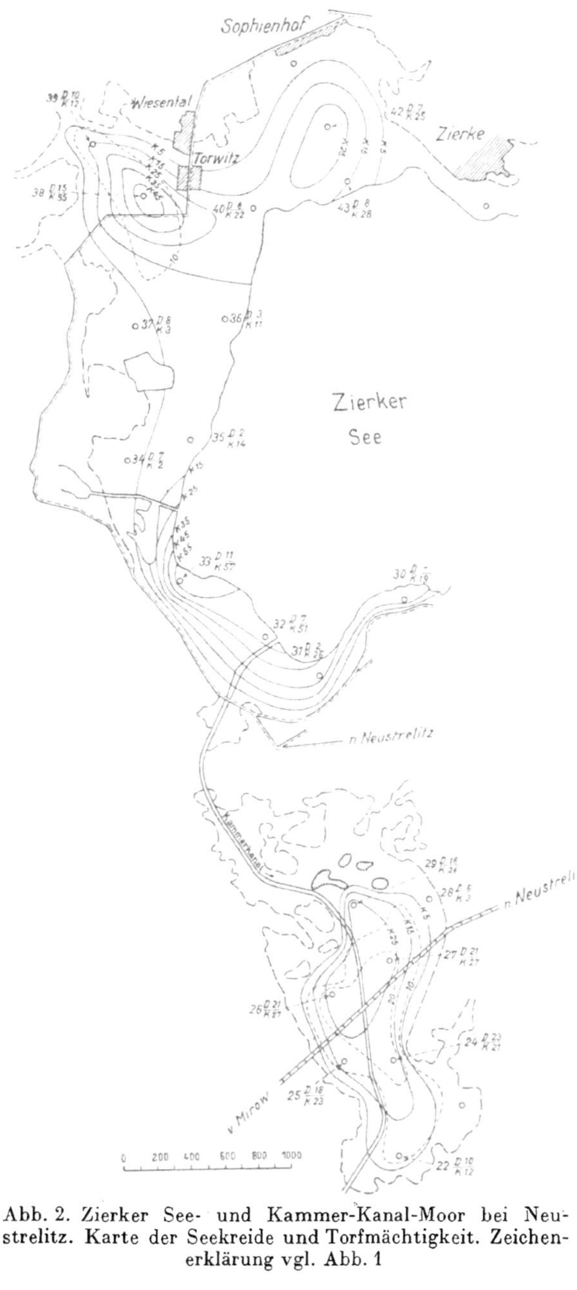

Abb. 2. Zierker See- und Kammer-Kanal-Moor bei Neustrelitz. Karte der Seekreide und Torfmächtigkeit. Zeichenerklärung vgl. Abb. 1

hydraulischer Kalk gewonnen, welcher, mit Normalsand im Verhältnis 1:3 gemischt, in der Druck- und Zugfestigkeit die aus anderem festem Kalkgestein hergestellten Steine sogar übertraf. Zementwerke auf Wiesenkalkbasis haben in Hermsdorf (Septarienton), Zossen und Wilden am Werbellin-See, aber auch in Wickendorf bei Schwerin und Jatznick (Septarienton) bestanden.

An diese Tradition wurde z. T. angeknüpft, als nach 1945 die Branntkalkfabrikation aus Wiesenkalk wieder auflebte. Wie bis nach dem 1. Weltkrieg in dem Zement- und Branntkalkwerk Wickendorf bei Schwerin aus dem Wiesenkalk des Ramper Moores ein vorzüglicher Baukalk hergestellt wurde (TÄUBER 1950), so verarbeitete man jetzt denselben Rohstoff über Ziegelpresse und Ringofen in der Ziegelei Lübstorf. Unweit Crivitz brannte um 1948 eine kleinere Baufirma für eigenen Bedarf in Meileröfen aus einem vorzüglichen, offenbar pleistozänen Wiesenkalk monatlich 60 t Kalk. Diese Unternehmen, die offenbar aus dem gesteigerten Bedarf der ersten Nachkriegsjahre entstanden waren, sind mittlerweile zum Erliegen gekommen. In der Landwirtschaft wurde der Rohstoff durch den Bunakalk verdrängt. Auch außerhalb der DDR ist die Seekreide offenbar wenig gefragt. Nach einer freundlichen Mitteilung von Herrn Dr. HECK wird sie in der Volksrepublik Polen bei Wejherowa (Neustadt) zusammen mit Bänderton abgebaut und für die Zementfabrikation verwendet. Außerdem erwähnen WOLFF & HECK (1949) die Nutzung der Seekreide in Rothensande und Gleschendorf bei Eutin.

Trotz der geringen Nachfrage lassen es die in den Seekreidevorkommen vorhandenen erheblichen Rohstoffreserven angebracht erscheinen, die geologischen Voraussetzungen für eine Nutzung zu prüfen.

Eine sichere Grundlage für die Beurteilung der Abbauwürdigkeit eines derartigen Vorkommens ist das sorgfältige und dichte Abbohren bis auf den Untergrund. Ein großer Teil der Vorkommen muß wegen der durch große Abraummächtigkeit (Torf) verursachten abbautechnischen Schwierigkeiten für eine Nutzung ausgeschieden werden. Eine weitere nicht zu unterschätzende Schwierigkeit stellt der hohe Wassergehalt dar, der nicht nur den Abbau stört (Wasserhaltung), sondern auch bei der Weiterverarbeitung hinderlich ist. Ein Teil des Wassers wird durchweg schnell abgegeben. So berichtet TÄUBER (1950), daß der Rohkalk, der in einer überdachten Halle 2–3 m hoch gelagert wird, während der Sommermonate 15–20% innerhalb von 2–3 Wochen abgibt. Auch der so vorgetrocknete Kalk läßt sich aber nur mit Schwierigkeiten auf einer Strangpresse verziegeln. Es sollten also stets die Lager bevorzugt werden, die teilweise oder ganz über dem Grundwasser liegen.

Besondere Sorgfalt muß auf die technologische Untersuchung des Rohstoffes gelegt werden. Die sehr unterschiedliche Qualität des Sediments macht eine enge Probennahme in Abständen von 0,30 m notwendig. Für die erste Beurteilung genügt die Bemusterung nach äußeren Merkmalen. Nur so lassen sich diejenigen Lagerstättenteile ausgrenzen, die sich durch eine weitgehend gleiche Qualität auszeichnen. Dabei sind alle Partien mit eingelagerten Faulschlammschichten unberücksichtigt zu lassen. Infolge der kolloidalen Beschaffenheit bildet der Faulschlamm beim Trocknen unter beträchtlichem Schrumpfen feste irreversible Klumpen, wodurch die Streufähigkeit der Seekreide leidet, so daß der Dünger vor dem Aufbringen gemahlen werden muß. Der frische Faulschlamm dagegen kann sich durch schädliche Bestandteile negativ auswirken. Überhaupt sind diejenigen Lagerteile oder ganzen Lager zu bevorzugen, in denen die organischen Bestandteile durch Oxydation weitgehend zersetzt sind. Ganz allgemein zeichnen sich die Kalkablagerungen der Seen gegenüber denen der fließenden Gewässer durch größere Reinheit und Mächtigkeit aus.

Die technologischen Untersuchungen sollten sich allgemein auf den Kalkgehalt, bei einem Teil der Proben auf die Gesamtanalyse erstrecken. Über die Korngrößenzusammensetzung liegen bisher nur wenige Ergebnisse vor. Auch laboratoriumsmäßige Untersuchungsergebnisse über die Bindefähigkeit der gebrannten Seekreide fehlen weitgehend.

Trotz der erheblichen Mengen an Seekreide, die in einzelnen Gebieten zur Verfügung stehen, erscheint es nach den bisherigen Erfahrungen abwegig, weil unrentabel, darauf Großbetriebe aufbauen zu wollen. Seekreiden sind örtliche Kalkreserven, die ohne größere Investitionen der Volkswirtschaft zugänglich gemacht werden müssen.

Literatur

DIENEMANN, W. & BURRE, O.: Die nutzbaren Gesteine Deutschlands 1928.
FIEBELKORN: Über ein Wiesenkalklager bei Ravensbrück unweit Fürstenberg i. M. Ztschr. f. prakt. Geol. 1895.
HANSEN, K.: The geology and bottem deposits of lake Tystrup Sø Zealand. Danmarks Geologiska Undersøgelse. II. Raekke. 1950.
HESSLAND, J.: Calcareous freshwater sediments from northern Bohuslän. Arkiv för Mineralogi och Geologi. Bd. 1, 1954.
OHLE, W.: Kalksystematik unserer Binnengewässer und der Kalkgehalt Rügener Bäche. Geologie der Meere und Binnengewässer 1. Bd. 1937.
PASSARGE, S.: Die Kalkschlammablagerungen in den Seen von Lychen, Uckermark. Jahrbuch der Preuß. Geol. Landesanstalt Bd. XXII, 1901.
TÄUBER, A.: Betriebserfahrungen mit der Wiesenkalkverarbeitung. Bauplanung und Bautechnik. 1950.
WOLFF, W. & HECK, H.-L.: Erdgeschichte und Bodenaufbau Schleswig-Holsteins. 1949.

Über die Gliederung der Glazialseen

WILHELM MARTENS, Templin

Der Seenreichtum Norddeutschlands im Bereich der letzten Vereisung ist bekannt. Ihre wissenschaftliche Erforschung ist zwar seit langem ein Anliegen der Geologie wie auch der Geographie. Aber ein befriedigendes Ergebnis ist dennoch nicht erzielt worden. Das zeigt schon ein Blick in WOLDSTEDTS grundlegendes Werk über das Eiszeitalter. Dort erfahren die Seen, auf verschiedene Kapitel verteilt, eine durchaus stiefmütterliche Behandlung. Es bedeutet eine fühlbare Lücke, daß eine allgemein anerkannte Gliederung der Glazialseen nach genetischen Gesichtspunkten immer noch fehlt.

Nun sind letzthin zwei Arbeiten erschienen, in denen dies versucht wird. Es handelt sich um den Aufsatz von H. LIEDTKE, Jungglaziale Seentypen, dargestellt am Beispiel Norddeutschlands, Geographische Berichte, 1958, und den des Verf., Arten und Benennung der Glazialseen, Forschungen und Fortschritte, Bd. 28, 1954, Heft 8. Wenn nun im folgenden die jüngere Arbeit einer Kritik durch den Verf. der älteren unterzogen wird, so läßt sie hoffentlich erkennen, daß sie nur erfolgt, um der Sache zu dienen.

Leider stellen sich schon bei der Behandlung der Grundmoränenseen durch LIEDTKE Bedenken ein. Sie sollen nach ihm nur selten vorkommen. Es ist richtig, daß sie infolge geringer Tiefe rasch verlanden. Aber da sie als ertrunkene Grundmoränenflächen spät- und postglazial die zahlreichsten waren, sind sie immer noch häufig genug. Es müssen ihnen nämlich die von LIEDTKE als Zungenbeckenseen benannten zugerechnet werden. Unter dieser Bezeichnung versteht er nun allerdings etwas ganz anderes als bisher allgemein üblich war. Er kennzeichnet ihren Umriß als „oft fast rund oder ellipsenförmig", während man doch bei Zungen an langgestreckte Formen, also an Rinnenseen denkt. Daher ist die Bezeichnung „Zungenbecken" schon seit langer Zeit für Förden und Seen wie den Tollense-See reserviert. Für letztere Seenart muß nun LIEDTKE notgedrungen einen neuen Namen erfinden — eine von vornherein mißliche Sache! Er nennt sie „Eiszungenseen", unterscheidet sie also von den so unglücklich gleichklingenden Zungenbeckenseen und schließlich auch noch von einer dritten Gruppe, den „Breiten Rinnenseen". Dabei kann kein Zweifel bestehen, daß diese, so gut wie die Förden und Zungenbeckenseen in unserem Sinne, ihre heutigen Formen im wesentlichen Eiszungen verdanken. LIEDTKE führt u. a. als Beispiele für Breite Rinnenseen den Cummerower und den Schweriner See an, also Seen, die ebensogut als Zungenbeckenseen in unserem Sinne (seine Eiszungenseen) bezeichnet werden könnten. Ob an ihrem distalen Ende ein Endmoränenbogen gelegen ist oder nicht, ist kein Grund für Aussonderung einer besonderen Seengruppe, wie LIEDTKE meint. Tatsächlich finden sich übrigens auch bei vielen von ihm angeführten Beispielen am distalen Ende Endmoränenzüge.

Und nun die Schmalen Rinnenseen! Merkwürdigerweise läßt LIEDTKE zwar im Text die Entscheidung über ihre Entstehung noch offen (S. 11), gibt aber in der seiner Arbeit beigefügten Tabelle fluviatile Erosion als Ursache an. So zwiespältig also seine Stellungnahme zu dieser Frage ist, so entschieden rückt er doch von ihrer Erklärung durch Bodenspaltung ab, von einer Hypothese, die heute von SOLGER und dem Verf. vertreten wird. Ohne auf die sehr eigentümlichen Eigenschaften der schmal-tiefen Rinnenseen einzugehen, meint er, den Spaltenursprung damit abtun zu können, daß er auf das Fehlen solcher Seen im Vorland des letzten Inlandeises verweist. Damit zieht er aber ein Gebiet in Betracht, in dem Seen überhaupt fehlen, und er kann nicht leugnen, daß dort die so wirksame Formerhaltung durch eindringendes Eis entfällt, ganz abgesehen von der randlich abnehmenden Mächtigkeit und damit geringeren Druckwirkung des Inlandeises, welche Verf. für wesentlich dabei hält. Es kann hier nur auf seine Ausführungen S. 234f. verwiesen werden, wo übrigens, wie es nach LIEDTKE scheinen könnte, nicht etwa an große Eiskeile bei den angenommenen Bodenspaltungen gedacht ist.

Wir kehren noch einmal zu den Grundmoränenseen zurück. Dort unterscheidet man gewöhnlich als Untergruppe die Endmoränenstauseen oder kurzweg Endmoränenseen. Sie waren, wie alle Grundmoränenseen, ursprünglich zahlreich, haben aber, wie die Beispiele am Nordrand der Alpen besonders deutlich zeigen, bei neuen Vorstößen in der Abschmelzperiode oft den hemmenden Endmoränenwall durchbrochen und sind ausgelaufen. Seit Wahnschaffe dient der bekannte Grimnitzsee als Musterbeispiel. LIEDTKE lehnt Stauseen überhaupt ab. Er meint, ein Stau müsse ein vorangehendes Fließen hemmen. Uns scheint das zu eng. Denn auch das Hindernis kann zeitlich vorangehen. Man spricht doch auch allgemein von Stauseen, in denen sich die Beckentone absetzten. Wir möchten also diese, wenn auch seltene Abart der Grundmoränenseen beibehalten und als Beispiel auch den Grimnitzsee, den Rest eines größeren Sees, der sich unmittelbar hinter der Endmoräne im Becken eines Eislobus bildete.

Stauseen größten Ausmaßes sind die Kombinationsseen oder Sammelstauseen. Musterbeispiel ist die Müritz. Sie vereinigen in sich verschiedene Seenarten. Die eine Bezeichnung ist unschön, die andere umständlich. Überlassen wir es der Zeit, welche von beiden sich durchsetzen wird.

Was die Sölle betrifft, so herrscht natürlich über ihre Benennung Übereinstimmung wie seit RÖPKE i. gz. auch über ihre Entstehung. Mein Vorschlag, ihre Parallelform in der Endmoräne oder kuppigen Grundmoräne als Kesselsoll zu bezeichnen, findet die Zustimmung von LIEDTKE. Die Großform eines Soll als Toteissee zu bezeichnen, lehnt LIEDTKE mit Recht ab. Denn schließlich sind ja alle Seehohlformen kürzere oder längere Zeit von Toteis ausgefüllt gewesen. Der Ausdruck „Eisrestsee", den WOLDSTEDT anwendet, sagt am besten, was gemeint ist, nämlich, daß eine Eisscholle, nicht aber stagnierendes Eis, die Hohlform füllte. LIEDTKE tritt für „Beckensee" ein. Er faßt mit dieser Bezeichnung „alle Seen, die in einer Endmoränen-, Sander- oder Urstromtallandschaft liegen und keine andere Zuordnung erfahren", zusammen. Es ist aber doch nicht zu empfehlen, eine Gruppe aus solchen Seen zu bilden, deren Diagnose noch aussteht. In der Tabelle, die LIEDTKE seiner Arbeit beifügt, finden sich als Beispiele einige, die man den Kombinationsseen oder Sammelstauseen zurechnen möchte, z. B. den Stechlin, dessen Hohlform von heute noch 90 m Tiefe ohne Spaltung kaum erklärt werden kann. Wir sind also dafür, den Begriff „Beckensee" dahin zu erweitern, daß er alle Seen umfaßt, welche nicht Rinnenseen sind. Wir folgen damit einem Vorschlag SOLGERS (Die Erde, 1951/52). Über die seltenen Faltenseen — selten übrigens nur dann, wenn sie gebündelt auftreten — herrscht Einigkeit. Sie liegen zwischen Stauchwällen und wurden zuerst von Wahnschaffe so genannt. Nicht notwendig aber ist die Verdrängung der Bezeichnung „Einsturzsee" durch Auslaugungssee, sofern man überhaupt diese Seenart mit Gripp noch als eine Abart der Glazialseen gelten lassen will. Denn tatsächlich handelt

Gliederung der Glazialseen

I. Beckenseen
- a) Grundmoränensee — Haus-See bei Gerswalde
- a 1) Endmoränenstausee (Endmoränensee) — Grimnitz-See
- b) Sammelstausee (Kombinationssee) — Müritz
- c) Eisrestsee (Toteissee) — Bürger-See bei Fürstenberg a. H.
- d) Kesselsöll
- e) Söll
- f) Einsturzsee (Auslaugungssee) — Segeberger See i. H.

II. Rinnenseen
- a) Zungenbeckensee (Fördensee) — Tollense-See
- b) Spaltensee (Schmaler Rinnensee) — Seen im Gamengrund
- c) Faltensee — Kuhzer See bei Templin

es sich bei ihrer Entstehung um einen plötzlichen Vorgang. Die Geschichte berichtet von einem solchen bei der Erweiterung des Arendsees, und auch heute noch erleben wir z. B. in Thüringen den Einsturz von Erdfällen über Auslaugungen.

Wenn der Verf. in so vielem mit LIEDTKE nicht einig gehen konnte, so bedauert er das. Aber, wie eingangs betont, ist gerade auf diesem, Geologen wie Geographen gleicherweise interessierenden Gebiet der Glazialseen eine klare Definition und Gliederung ohne unnötige Neuerungen sehr wünschenswert. Es sei gestattet, auch unsererseits einen Gliederungsvorschlag zu machen. Die konkurrierenden Benennungen sind in Klammern beigefügt. Beispiele kennzeichnen die Entstehungsweise (s. S. 77).

Tatsachen und Hypothesen zum Problem der Bildung dolomitischer Gesteine[1]

N. M. STRACHOW, Moskau

Da die Frage der Dolomitbildung bekanntlich zu den schwierigsten Problemen der theoretischen Lithologie gehört und besonders den angehenden Wissenschaftlern gewisse Schwierigkeiten bereitet, weil viele widersprüchliche Ansichten existieren, hat es N. M. STRACHOW unternommen, das in den letzten 10 Jahren bekanntgewordene Tatsachenmaterial zusammenzustellen, welches „bei objektiver Betrachtung die Grenzen der theoretischen Erörterungen wesentlich einengt und die genetischen Forschungen in eine bestimmtere Richtung lenkt".

N. M. STRACHOW gliedert seinen Aufsatz in drei Abschnitte. Im ersten Abschnitt werden ausführlich die wesentlichsten Tatsachen behandelt, die sich auf die Typen und die faziellen Verhältnisse der Bildung dolomitischer Gesteine beziehen.

Der zweite Abschnitt gibt eine Analyse der wichtigsten über die Dolomitbildung veröffentlichten Hypothesen sowie ihre Kritik durch den Verfasser. Der dritte Abschnitt ist der Darstellung des von N. M. STRACHOW entwickelten Schemas der Dolomitbildung gewidmet, worin alle neueren Tatsachen Berücksichtigung finden

Im ersten Abschnitt werden 6 wesentliche Punkte angeführt (geologischer und zum Teil geochemischer Natur), die bei der Behandlung der Genese der Dolomite zu beachten sind.

1. Die Dolomite entstehen unter sehr verschiedenartigen faziellen Verhältnissen. Gegenwärtig sind limnische Dolomite bekannt, die sich auf Sodaseen und Magnesiumkarbonat führende Seen (Balchaschsee) verteilen; ferner gibt es lagunär (in Salz- und Süßwasserlagunen) entstandene Dolomite; schließlich sind marine Dolomite sowohl in randlichen, halbisolierten Teilen als auch in den zentralen Teilen früherer (paläozoischer) Meeresbecken vorhanden.

Abbildung 1, die dem Aufsatz entnommen wurde, zeigt die Faziesverhältnisse der Dolomitbildung sowie das Ausmaß der Dolomitbildung im Paläozoikum und in der Gegenwart.

2. Trotz aller Verschiedenheit der Faziesverhältnisse gibt es nur zwei petrographisch verschiedene Dolomittypen: Schichtdolomite und metasomatische Dolomite.

3. Die Analyse der hydrochemischen Verhältnisse ergibt, daß in den meisten Fällen deutliche Anzeichen einer gewissen Versalzung vorhanden sind und daß in vielen Fällen eine Erhöhung der Alkalireserven und des p_H-Wertes erfolgte. Die Mineralbildung läuft in der Richtung vom Kalkspat zum Dolomit, bei noch stärkerer Versalzung entstehen Kalkspat und Magnesit.

Untersuchungen an rezenten Sodaseen zeigten folgendes Ergebnis: Bei einer Mineralisation des Wassers $< 0,1\%$ fällt nur Kalkspat, darüber fällt Dolomit, der bei einer Mineralisation von $0,2-0,3\%$ 40% der Karbonate ausmacht; bei einer Mineralisation von 1% stellt dann Dolomit $90-100\%$ des Anteils der Karbonate. Untersuchungen in rezenten Magnesiumkarbonatseen ergaben, daß bei sehr hoher Mineralisation ($> 14\%$) der Dolomit fast vollständig verschwindet, es sedimentieren getrennt Kalkspat und Magnesit.

In den heutigen Meeren entstehen keine Dolomite, sie waren dagegen für viele paläozoische Meere charakteristisch.

4. Die Dolomitbildung ist bei der Versalzung von Wasserbecken (auch Meeren) in ariden Zonen ein ganz gesetzmäßiger Vorgang.

5. Die aus der Abbildung zu ersehende starke Abnahme der Dolomitbildung im Vergleich zum Paläozoikum findet u. a. auch darin ihre Erklärung, daß in der geologischen Vergangenheit eine stärkere Salzführung des Wassers der Meeresbecken, eine höhere Alkalireserve und ein höherer CO_2-Gehalt des Wassers zu beobachten war.

6. In der Erdgeschichte fand eine nicht umkehrbare Evolution der Dolomitbildung statt. In der Gegenwart ist eine Reihe dolomitbildender Fazies „ausgestorben", insbesondere alle Fazies, die mit den Meeren in ariden Zonen zusammenhängen.

Abbildung 2 illustriert die Veränderungen der Mineralparagenese im Verlauf der Versalzung einer westlich des Urals im Kungur gelegenen Lagune und somit das in Punkt 3 des Referates Gesagte.

Im zweiten Abschnitt seines Aufsatzes verwirft N. M. STRACHOW die Konzeption von M. E. NOINSK & S. G. WISCHNJAKOW sowie von G. I. THEODOROWITSCH und legt seine eigene, 1951/52 entwickelte Vorstellung der Dolomitbildung dar. Danach bestehen

Abb. 1. Faziesverhältnisse der Dolomitbildung. Die Schichtdolomite (sedimentären Dolomite) sind durch Rechtecke, die fleckig-linsenartigen metasomatischen Dolomite (sedimentär-diagenetischen Dolomite) sind durch Kreise gekennzeichnet

[1]) nach: „Nachrichten der Akademie der Wissenschaften der UdSSR" (russ.), Geologische Reihe, Nr. 6/1958, S. 3–22.

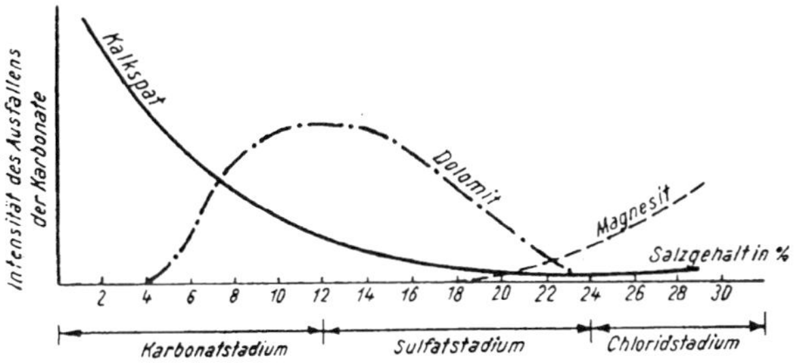

Abb. 2. Veränderungen der Mineralparagenese im Verlauf der Versalzung einer westlich des Urals im Kungur gelegenen Lagune

Auf der Abzisse – Salzgehalt des Wassers (in %); auf der Ordinate – Intensität der Kalkspat-, Dolomit- und Magnesitfällung (nach N. M. STRACHOW und A. I. ZWETKOW)

zwischen Schichtdolomiten und metasomatischen Dolomiten keine prinzipiellen genetischen Unterschiede. In beiden Fällen fiel die dolomitische Substanz aus dem dicht über dem Meeresboden befindlichen Wasser im Stadium der Sedimentgenese aus. Bei Bildung der Schichtdolomite fehlte allerdings eine Beimengung von Kalkspat oder sie war nur in geringfügiger Quantität vorhanden, während sie bei der Entstehung der gefleckten (metasomatischen) Dolomite bedeutend oder sogar sehr groß war. Vorläufig ergab sich aber dessenungeachtet eine gleichmäßige Verteilung der dolomitischen und der $CaCO_3$-Substanz am Meeresgrund. Bei der Diagenese erfolgte dann eine energische Neuverteilung der dolomitischen Komponente, die sich an bestimmten Stellen konzentrierte und Linsen, Stöcke und andere unregelmäßige Körper bildete.

Im dritten Abschnitt sagt N. M. STRACHOW, daß der Mechanismus der Fällung von Magnesiumverbindungen aus dem Wasser im Paläozoikum anders war als heute. Wie bereits gesagt, war die Atmosphäre damals reicher an CO_2 und die Alkalireserve dementsprechend höher. Man darf daher annehmen, daß der Gehalt an dolomitischer Substanz im Meerwasser nahezu an der Sättigungsgrenze lag.

Nur im ariden Klima war es möglich, daß irgendein Meeresteil die Verbindung mit der Hauptwassermenge verlor und zu versalzen begann. Die dolomitische Substanz erreichte bald den Sättigungsgrad und fiel als feinkörniges primäres Sediment aus.

In den weiteren Ausführungen beschäftigt sich der Verfasser noch eingehend mit den Löslichkeitsverhältnissen und der gegenseitigen Reaktion der verschiedenen Komponenten.

Die Schichtdolomite entstanden in der beschriebenen Weise; die Genese der metasomatischen Dolomite ist etwas komplizierter. Sie entstanden bei etwas geringerem Salzgehalt des Wassers, als das bei dem „normalen" Dolomiten der Fall war. Dadurch ergab sich eine geringere Dolomitfällung, und der Gehalt im frischen Sediment war entsprechend geringer. Im Stadium der Diagenese setzten dann umfangreiche Stoffwanderungen ein, die zur Anreicherung an bestimmten Stellen führten und den metasomatischen Dolomiten ihr heutiges Gepräge gaben. Diese Dolomite (von STRACHOW auch als sedimentär-diagenetisch bezeichnet) entstanden zum Teil in den randlichen versalzten Zonen der paläozoischen Meere, am Übergang von den am stärksten mineralisierten Teilen zu den Teilen mit normaler Mineralisation. Am verbreitetsten sind jedoch die metasomatischen Dolomite in den zentralen, etwas versalzten Teilen der Karbonmeere der Russischen Tafel.

Referiert von W. OESTREICH

Bemerkungen über die Auswertung der Makrofauna der Unterkreide in der Bohrung Werle 5

GREGOR CHRYPLOFF, Berlin

Schon seit einiger Zeit beschäftigt sich Verf. mit der deutschen Unterkreide und hat währenddessen brauchbares Material, besonders aus dem Gebiet von Werle, wo die Untere Kreide gut ausgebildet ist, und außerdem aus den Bohrungen Dabendorf und Schünow südlich von Berlin zusammengestellt.

Da Verf. bei seinen Untersuchungen eine umfangreiche und vielseitige Literatur über die Untere Kreide zu Rate gezogen hat, ist er in der Lage, einige Schlüsse zu ziehen. Verf. hat schon in einer früheren Veröffentlichung (CHRYPLOFF 1957b) festgestellt, daß außer einigen anderen Formationen vor allem die deutsche Kreide noch nicht revidiert worden ist. Die hier vorliegende Mitteilung möchte Verf. daher schon als einen Versuch zu einer Revision betrachten, die sich gewöhnlich nach monographischen Erstbearbeitungen als notwendig erweist. Weil man zumindest für die deutsche Untere Kreide noch keine Neubearbeitung großen Stils in Angriff genommen hatte, so hat man eben in Werle alpine Formen gefunden, die aus Deutschland vordem völlig unbekannt waren. Da Verf. schon wiederholt über diese Fragen geschrieben hat (CHRYPLOFF 1957a und b), soll hier nicht mehr auf diese Dinge eingegangen werden. Es ist kaum verständlich, daß im westlichen Europa manche Wissenschaftler die Evolutionstheorie nicht anwenden. Es sieht so aus, als ob einige Paläontologen bisweilen noch die Meinung der Katastrophentheoretiker, beispielsweise d'ORBIGNY, vertreten. Es gibt in der Kreide Tierarten, die schon seit langem im alpinen Europa bekannt sind, aber von einigen Autoren nicht mit denen verglichen werden, die von ihnen im außeralpinen Raum gefunden worden sind. Diese Autoren entwickeln stattdessen oft neue Arten. Außerdem liegt das Hauptinteresse bei der Wanderung der Fauna und nicht bei der Entwicklung an Ort und Stelle. Es ist deshalb notwendig, eine Paläogeographie zu schaffen, die so exakt wie irgend möglich sein muß. Alle diese Dinge sind in Deutschland und auch anderwärts noch nicht weit genug gediehen, da man in den meisten Fällen die Paläogeographie entweder überhaupt vernachlässigt oder aber mit allzuviel Phantasie betrieben hat. Über die Wanderung der Fauna in der Unteren Kreide hat Verf. schon einen Aufsatz geschrieben (CHRYPLOFF 1958b), der im Augenblick als Arbeitshypothese dienen kann. Die damaligen Ausführungen aber sind sehr allgemein gehalten, da Verf., wie dort schon gesagt, nicht alle Ergebnisse der Bohrungen in Westdeutschland, in Polen und selbst in der DDR erhalten hat.

Da eine Revision noch fehlt, findet man für die Unterkreide viele Formen angegeben, die in die Mittlere oder Obere Kreide gehören, wofür Verf. einige Beispiele geben wird.

Zur Bohrung Werle 5 muß gesagt werden, daß bei den Bohrarbeiten große Kernverluste auftraten. Da die wichtigsten Leitfossilien, die Ammoniten, selten sind, ist es sehr schwierig, die einzelnen Stufen genau festzulegen. Selbst die Mikropaläontologie kann hier wenig helfen. Dennoch ist die Bohrung Werle 5 von besonderem biostratigraphischem Interesse, obwohl sie weiterhin im Vergleich zu den Bohrungen Werle 3, 4 und 4e, die noch nicht ganz durchgearbeitet sind und später veröffentlicht werden sollen, durch große Faunenarmut gekennzeichnet ist. Diese Faunenarmut erklärt sich aus den Lebensbedingungen, die weiter unten erklärt werden sollen. Es ergeben sich hier einige interessante paläontologische Fragen.

1. Das Vorkommen alpiner Brachiopoden

Von alpinen Brachiopoden konnte z. B. *Peregrinella peregrina* d'ORB. nachgewiesen werden. Es handelt sich wohl zweifelsohne um diese Art, auch wenn man infolge der Beschädigung des vorliegenden Exemplars die Bestimmung nicht mit hundertprozentiger Gewißheit durchführen kann. Interessant ist die Tatsache, daß diese Art in der alpinen Geosynklinale für das Obere Hauterive charakteristisch ist, während sie in Nordamerika an der Küste des Stillen Ozeans (Kalifornien) im Valendis auftritt. Sie wird in der Bohrung Werle 5 im unteren Hauterive angetroffen. Infolge des Kernverlustes und dadurch, daß die Kerne von anderen Bohrungen erst teilweise untersucht sind, kann Verf. noch nicht mit Bestimmtheit sagen, ob diese Brachiopoden aus Nordamerika (etwa aus der Gegend von Kalifornien) durch das boreale Becken über Westskandinavien und Mecklenburg in die alpine Zone eingewandert sind. Dem Verfasser scheint das aber jetzt ganz wahrscheinlich (CHRYPLOFF 1958a).

2. Das Vorkommen von Pecten orbicularis SOW

Diese Art ist in der Unter- und Oberkreide Englands, Frankreichs, der Schweiz usw. verbreitet und war früher auch in Deutschland unter derselben Bezeichnung bekannt. Um die Jahrhundertwende wurden von A. WOLLEMANN (1896 und 1900) zwei neue Arten unterschieden: *Pecten lohmanni* und *P. germanicus*. Hierbei bezeichnet WOLLEMANN zunächst *P. lohmanni* als Varietät von *P. orbicularis*; später rechnet er jedoch diese Varietät zu *Pecten germanicus*. Es ist unverständlich, wovon WOLLEMANN sich bei dieser Bestimmung und Beurteilung der Fossilien leiten ließ. Wenn man seine neuen Arten in der Tabelle von WOODS mit *P. orbicularis* SOW. vergleicht, wird es ganz klar, daß zwischen *Pecten orbicularis* und *P. germanicus* kein Unterschied besteht. Die Beschreibung bei WOLLEMANN bringt auch keine diagnostischen Unterschiede und kommt eher einer sinnlosen Zersplitterung der Arten gleich, worüber Verf. schon mehrere Male schrieb. Hier macht sich die Schule von KOENENs bemerkbar.

WOLLEMANNs Hauptargument besteht darin, daß der echte *P. orbicularis* aus Upper-greensand (= Cenoman) stammt.

Die Monographie von WOODS über Pecten und andere Mollusken erschien im Jahre 1902, zwei Jahre nach der Monographie von WOLLEMANN, der jedoch seine Position nicht änderte. WOODS dagegen betrachtete alles vom Standpunkt der Evolution, wobei er oft in das andere Extrem verfiel; er faßte die Arten zu sehr zusammen, was jedoch als ein weitaus geringerer Fehler anzusehen ist als eine sinnlose Zersplitterung. Daher hat Verf. überall die Bezeichnung *P. orbicularis* SOW. gebraucht.

3. Das Vorkommen von Pholadomyen

Diese Frage soll hier angeschnitten werden, da in Werle eine neue Form aufgefunden wurde, die sich der Größe nach von *Ph. minuta* de LOR. unterscheidet. Vorläufig besitzt Verf. nur ein gut erhaltenes Exemplar, und da noch mehr Material erwartet wird, scheidet Verf. bis jetzt keine neue Art aus, zumal es sich auch um eine Varietät der *Ph. minuta* handeln kann.

Die übrigen Pholadomyen sind verhältnismäßig schlecht erhalten, und es lohnt sich nicht, sie zu beschreiben.

4. Das Vorkommen der Aucellinen

Diese Formen, die von POMPECKJ (1901) und A. PAVLOFF (1907) besonders gut ausgearbeitet wurden, sind hauptsächlich in der Mittleren und teilweise in der Oberen Kreide anzutreffen. Ihre Zahl ist verhältnismäßig gering, und sie sind wahrscheinlich aus dem borealen Becken eingewandert.

Die am meisten verbreiteten Formen davon sind: *A. aptiensis* d'ORB. und *A. gryphaeoides* SOW. In Deutschland war es wieder WOLLEMANN (1908), der neue Arten wie *A. major*, *A. quasi* und *A. maxima* schuf.

Dem Verfasser erscheint es jedoch, als ob es sich dabei in Wirklichkeit um *A. aptiensis* d'ORB, *A. gryphaeoides* SOW. oder vielleicht um lokale Varietäten dieser zwei Arten und nicht um davon zu trennende eigene Arten handelt.

5. Das Vorkommen von Rudisten

Verfasser hat in einer vorläufigen Mitteilung über die Untere Kreide Deutschlands (CHRYPLOFF 1957a) bemerkt, daß man in der Gegend von Werle kleine Rudisten gefunden hat, die schwierig zu präparieren sind. In der Bohrung Werle 8 gab es unzweifelhaft einen Rudisten (*Monopleura* cf. *eurystoma* P. et C., Teufe 733,45–735,70 m, 0,50 m v. Kopf), aber es ist sehr schwierig, diesen von einer *Ostrea* zu unterscheiden, die ebenfalls in Deutschland unbekannt ist (*O. bellaunensis* COQ.), und man muß warten, bis man andere Exemplare findet. In der Bohrung Werle 5 (878,30–886,30 m, 0,25 m v. Kopf) hat man ebenso zwei sehr zweifelhafte Exemplare gefunden, welche ebenfalls Ostreen sein können. Allein in der Bohrung Werle 4 haben wir schon deutliche Rudisten, aber sie werden erst später diskutiert werden.

6. Zusammenfassung

Leitende Formen wie einige Ammoniten und Belemniten sind in dieser Bohrung nur in Gestalt sehr seltener und unvollständiger Bruchstücke vertreten; sie können daher, noch dazu, da die Auswertung durch die hohen Kernverluste erschwert wird, nicht viel zur Klärung der Stratigraphie beitragen.

Von der oberen Unterkreide (Apt und Alb) sind nur wenige Kernbruchstücke vorhanden, so daß darüber vorläufig nichts gesagt werden kann.

Auch die für die Gesamtbetrachtung wichtige Klärung der Paläogeographie wird durch die schon erwähnten großen Kernverluste erschwert. Zwischen der Unterkreide und dem Wealden kennt man infolgedessen keine

Teufe i. M.	Nachgewiesene Fossilien	Gesteine	Stratigraphische Stellung
730,00–740,00 (+5,50–4,50) 0,18 v. Kopf	*Aucellina gryphaeoides Sow.* (= *maxima* WOLL. = *Inocer. coquandianus* d'ORB.; mehrere Exemplare). *Lima* cf. *pulchella?* d'ORB. (Juv., Steinkern).	Feinkörniger, hellgrauer, etwas sandiger und sehr lehmiger Mergel (Argillit)	Mittelalb?
730,00–740,00 0,20 v. Kopf	*Lima (Limea)* cf. *pulchella?* d'ORB. (Juv., sonst im Senon).	„	Mittelalb?
834,00–839,00 (–4,00+1,00) 0,30 v. Kopf	*Oxyteuthis* cf. *brunsvicensis* v. STROM. (Bruchstück).	Mittelgrauer, harter, sandiger u. sehr kalkiger Mergel m. etwas Glaukonitschichten.	Mittel-Barrême
860,00–868,30 0,45 v. Kopf	*Leda (Nuculana) mariae* d'ORB. *Leda* cf. *scapha* d'ORB. (Juv. u. schlecht erhalten = *L. subcanellata?* HARB.).	Mittelgrauer, sehr sandiger Mergel, mit sehr wenig Glaukonit u. Glimmerspuren.	„
860,00–868,30 0,65 v. Kopf	*Venus dupiniana* d'ORB.	„	„
868,00–868,30 0,80 v. Kopf	*Pholadomya* sp.nova? (Gruppe *Ph. paucicosta*, i. Europa, ähnelt der *Ph. guillieroni* P. et. C.	Mittelgrauer, harter, sandiger, sehr kalkiger Mergel oder besser kalkiger Sandstein m. Lehm und Glaukonitspuren.	„
860,00–868,30 1,10 v. Kopf	*Venus* sp. (Juv. Type V. *vendoperana* d'ORB.) *Lavignon (Tellina) clementine* d'ORB. (Juv.) *Oxyteuthis* cf. *pugio* STOLL. (Juv.).	Harter, mittelgrauer, sandiger Mergel m. Glaukonit und Glimmerspuren. Kalkiger Sandstein v. oben.	„
860,00–868,30 1,45 v. Kopf	*Belemnites* sp. (Bruchstück). *Avicula* cf. *cornueliana* d'ORB. (Bruchst.). *Venus vendoperana* d'ORB. (Juv.).	Dunkelgrauer, sandiger Mergel m. etwas Glaukonit und Glimmerspuren.	„
860,00–868,30 1,60 v. Kopf	Bruchstück der *Pholodomya* sp. nova.	„	„
860,00–868,30 1,80 v. Kopf	*Pholadomya* sp. nova (wie oben).	„	„
860,00–868,30 1,85 v. Kopf	*Avicula (Pteria)* sp. (Juv., schlecht erhalten, Type *A. cornueliana* d'ORB.).	„	„
860,00–868,30 1,95 v. Kopf	*Lima* cf. *cottaldina* d'ORB. (Bruchstück) *Astarte numismalis*, d'ORB. (Verdrückt u. schlecht erhalten).	„	„
860,00–868,30 2,10 b. Kopf	*Avicula* cf. *cornueliana* d'ORB. *Lima* cf. *minuta?* *Gfdf*, (schlecht erhalten, kann auch *L. exquisita* de LOR. sein).	„	„
860,00–868,30 2,20 v. Kopf	*Arca* cf. *raulini* d'ORB. (schlecht erhalten).	Mittelgrauer, sehr sandiger Mergel m. etwas Glaukonit u. Glimmer.	„
860,00–868,30 2,40 v. Kopf	*Pecten* cf. *orbicularis* SOW. (Juv.).	Mittelgrauer, harter, sehr sandiger Mergel m. wenig Kalk u. m. Spuren von Glaukonit u. Glimmer.	„
860,00–868,30 2,50 v. Kopf	*Pinna* cf. *robinaldina* d'ORB. (Bruchstück).	Mittelgrauer, harter, sandiger Mergel m. etwas Glaukonit und Glimmer.	Ober-Hauterive.
860,00–868,30 2,55 v. Kopf.	*Exogyra* cf. *etalloni* P. et. C. (Bruchstücke).	Mittelgrauer, harter, sandiger Mengel m. etwas Glaukonit und Glimmer.	Ober-Hauterive.
860,00–868,30 2,65 v. Kopf.	*Lima sp.* (Typ *L. minuta Glf.* oder *L. exquisita* de LOR., schlecht erhalten). *Pecten* cf. *cottaldinus* d'ORB. (Bruchstück, Ohren abgeschnitten.	„	„
860,00–868,30 2,80 v. Kopf.	*Exogyra couloni* DEFR. (Bruchstück).	„	„
860,00–868,30 2,85 v. Kopf.	*Rhynchonella* cf. *multiformis?* ROEM. (schlecht erhalten).	„	„
860,00–868,30	*Lima* cf. *minuta?* GLF. (schlecht erhalten).	„	„
860,00–868,30 3,05 v. Kopf	*Rhynchonella* sp. (Typ *R. valangiensis* de LOR. sehr schlecht erhalten).	„	„
860,00–868,30 3,45 v. Kopf.	*Astarte* cf. *subcostata* d'LORB. *Pinna* cf. *robinaldina* d'ORB. (Bruchstükke).	Mittelgrauer, sandiger, sehr kalkiger Mergel mit etwas Glaukonit u. Glimmer.	„
860,00–868,30 3,65 v. Kopf.	*Ammonites* sp. (Type *Platylenticeras regulare* v. KOENEN, schlecht erhalten, verdrückt. *Pholadomya* sp.nova? (Bruchstück). *Perna* sp. (kleine Form, Bruchstück).	„	„
860,00–868,30 3,80 v. Kopf.	*Pecten*, sp. (Type *P. orbicularis* SOW.). *Astarte numismalis* d'ORB. *Terebratula* sp. indet. (Bruchstück). *Lima* sp. (schlecht erhalten).	Dunkelgrauer, sandiger Mergel m. etwas Glaukonit u. Glimmer.	„
860,00–868,30 3,95 v. Kopf.	*Lima* sp. (*Lima exquisita?* de LOR.), schlecht erhalten.	Dunkelgrauer, sandiger Mergel m. etwas Glaukonit u. Glimmer.	„
860,00–868,30 4,00 v. Kopf.	*Venus* sp. *indet.* (schlecht erhalten). *Pholadomya* sp. *nova*	Mittelgrauer, harter, sehr sandiger Mergel m. Spuren von Glaukonit u. Glimmer.	„
860,00–868,30	*Leda scapha* d'ORB. (= *L. maasi?* Woll.).	„	„
860,00–868,30 4,80 v. Kopf.	*Leda* cf. *mariae* d'ORB.(Bruchstück).	„	„
860,00–868,30 4,85 v. Kopf.	*Pholadomya* cf. *minuta* de LOR. (Steht vielleicht zwischen *Ph. minuta* de LOR. u. *Ph. obliqua* d'ORB. doch neue Formen).	„	„
860,00–868,30 5,10 v. Kopf.	*Thracia phillipsi* ROEM. (schlecht erhalten). *Astarte* cf. *numismalis* d'ORB. (schlecht erhalten).	Dunkelgrauer, sandiger Mergel m. Glaukonit u. Glimmerspuren.	„
860,00–868,30 5,15 v. Kopf.	*Lingula cf. truncata* SOW. (Juv., schlecht erhalten). *Thracia phillipsi* ROEM. *Thracia* cf. *neocomiensis!* d'ORB. (Steinkern, etwas verdrückt).	„	„

Teufe i. M.	Nachgewiesene Fossilien	Gesteine	Stratigraphische Stellung
860,00–868,30 5,20 v. Kopf.	*Venus* cf. *dupiniana* d'ORB. d'ORB.	Dunkelgrauer, sandiger Mergel m. Glaukonit und Glimmerspuren.	Ober-Hauterive
860,00–868,30 5,50 v. Kopf.	*Pholadomya* sp. *nova*? (Gruppe *Ph. paucicosta* ROEM. aus Kimmeridge, schlecht erhalten).	,,	,,
860,00–868,30 5,60 v. Kopf.	*Terebratula* cf. *aubersonensis*? (schlecht erhalten). Pictet, / *Pecten* cf. *striatopunctatus* ROEM. (schlecht erhalten). *Lima* cf. *cottaldina* d'ORB. (schlecht erhalten, kann *L. exquisita* de LOR. sein).	,,	,,
860,00–868,30 5,95 v. Kopf.	*Pecten orbicularis* SOW. (Juv.) *Thracia* cf. *phillipsi* ROEM. (schlecht erhalten).	,,	,,
860,00–868,30 6,10 v. Kopf.	*Panopea* cf. *cylindrica* (Steinkern) P. et. C. *Pholadomya* sp. (Type *Ph. alternans* ROEM. Steinkern).	,,	,,
860,00–868,30 6,30 v. Kopf.	*Pecten orbicularis* SOW. (kleine Form).	,,	,,
860,00–868,30 6,35 v. Kopf.	*Janira* cf. *atawa* ROEM. (Fragment) *Oxyteuthis pugio* (STOLL.) (Fragment).	,,	,,
860,00–868,30 Krone.	*Gervillia* cf. *forbesiana* d'ORB. (ähnelt der *G. aviculoides*, DEFR.) (Bruchstück, schlecht erhalten).	,,	,,
868,30–878,30 0,55 v. Kopf.	*Pecten orbicularis* SOW. (mehrere kleine Exemplare).	Mittelgrauer, harter sandiger Mergel oder besser, sandiger Kalk, schwach lehmig mit Spuren von Glaukonit und Glimmer.	,,
868,30–878,30 0,60 v. Kopf.	Phragmocone von *Belemnites jaculum*? PHIL. (schlecht erhalten). *Thracia*, cf. *robinaldina* d'ORB. (Juv.).	Mittelgrauer, sandiger Mergel m. Spuren von Glaukonit und Glimmer.	,,
868,30–868,30 0,80 v. Kopf.	*Leda* cf. *mariae* d'ORB. (Juv.). *Tellina* sp. *indet.* (schlecht erhalten).	,,	,,
868,30–878,03 1,10 v. Kopf.	*Venus* sp. (Type *V. robinaldina* d'ORB., kleines Exemplar). *Leda* sp. (Bruchst.).	,,	,,
868,30–878,30 1,15 v. Kopf.	*Venus (Cyprimeria)* cf. *parva*? SOW. (schlecht erhalten).	,,	,,
868,30–878,30 1,50 v. Kopf.	*Lima* cf. *royeriana* d'ORB. (Bruchstück). *Aucella* cf. *volgensis*? LAH. (schlecht erhalten). *Cyprina* sp. (C. sedgwicki? WALKER, Bruchstück). *Arca* sp. (Type *A. nana* LEYM.). *Anomia* cf. *pseudoradiata* d'ORB. (schlecht erhalten). *Serpula* cf. *filiformis* SOW. (Zahlreiche verdrückte Exemplare).	,,	,,
868,30–878,30 1,80 v. Kopf.	*Pecten orbicularis* SOW. (kleine Form).	Mittelgrauer, harter sandiger und sehr kalkiger Mergel mit Spuren von Glaukonit und Glimmer.	Ober-Hauterive
868,30–878,30 2,25 v. Kopf.	*Pinna* cf. *robinaldina* d'ORB. (Bruchstück. *Venus* cf. *vendoperana* d'ORB. (Juv.). *Trochus* sp. (schlecht erhalten).	,,	,,
868,30–878,30 2,90 v. Kopf.	*Pecten* cf. *orbicularis* SOW. (= P. germanicus Woll.). *Avicula* cf. *carteroniana* d'ORB. (Bruchstück).		
868,30–878,30 3,15 v. Kopf.	*Panopea* sp. (Type *P. neocomiensis* LEYM. (Bruchstück). *Nucula* cf. *planata* DESH. (verdrückt). *Nucula* cf. *gurgitis*? P. et. R. (verdrückt).	,,	,,
868,30–878,30 3,40 v. Kopf.	*Pecten orbicularis* SOW. (Kleine Formen, 2 Exemplare). *Pecten striatopunctatus* ROEM. (kleine Formen, schlecht erhalten). *Astarte numismalis* d'ORB.	Mittelgrauer, sandiger und sehr kalkiger Mergel m. Spuren von Glaukonit und Glimmer.	,,
868,30–878,30 3,55 v. Kopf.	*Ostrea* sp. (Steinkern *E. etalloni*? P. et. C.). *Pecten orbicularis* SOW. (Bruchstück).	,,	,,
868,30–878,30 3,80 v. Kopf.	*Leda sp.* (Gruppe *L. mariae* d'ORB.) (schlecht erhalten).	,,	,,
868,30–878,30 5,92 v. Kopf.	*Gervillia* cf. *anceps* DESH. (Bruchstükke, aber ähnelt der *G. alpina* P.et.R., vielleicht derselben Art). *Lima* sp. *indet.* (schlecht erhalten). *Astarte* cf. *substriata* LEYM. (schlecht erhalten).		
868,30–878,30 6,00–6,09 v.K.	*Lima* cf. *longa* ROEM. (schlecht erhalten). *Thracia* cf. *phillipsi* (schlecht erhalten). ROEM.	Mittelgrauer, sandiger Mergel mit Spuren von Glaukonit und Glimmer.	,,
868,30–878,30 6,65 v. Kopf.	*Pecten orbicularis* SOW. (kleine Formen). *Pecten striatopunctatus* ROEM. (schlecht erhalten).	,,	,,
868,30–878,30 7,10 v. Kopf.	*Anomia* sp. (Typ *A. laevigata* SOW., sehr schlecht erhalten).	Mittelgrauer, harter sandiger, schwachkalkiger Mergel mit Schichten von Glaukonit.	,,
868,30–878,30 7,65 v. Kopf.	*Peregrinella* cf. *peregrina* (v. Buch) d'ORB. (= *P. multicarinata* LAM., etwas schlecht erhalten).	Mittelgrauer, harter sandiger, schwachkalkiger Mergel mit Schichten von Glaukonit.	Unter-Hauterive.
868,30–878,30 7,70 v. Kopf.	*Peregrinella* cf. *peregrina* d'ORB. (= *P. multicarinata* LAM., Bruchst.).	,,	,,

Teufe i. M.	Nachgewiesene Fossilien	Gesteine	Strati-graphische Stellung
878,30–886,30 0,05 v. Kopf.	*Belemnites* sp. (Type *Oxyteuthis jasikovi* LAH. Bruchstück).	Mittelgrauer, harter, sehr sandiger und kalkiger Mergel, m. Glaukonit und Spuren von Glimmer.	Unter-Hauterive
878,30–886,30 0,25 v. Kopf.	*Peregrinella* cf. *peregrina?* d'ORB. (= *P. multicarinata* LAM. Bruchstück). *Gyropleura* sp. (ähnelt der *G. valangiensis* P. et. C., sehr schlecht erhalten). *Exogyra* cf. *sinuata* SOW. oder ein Rudist? (schwer zu unterscheiden, schlecht erhalten). *Pecten orbicularis* SOW. (Bruchstück).	Mittelgrauer, harter, sehr sandiger und sehr kalkiger Mergel, m. Glaukonit u. Spuren v. Glimmer, Quarzbohnen.	,,
878,30–886,30 0,40 v. Kopf.	*Rhynchonella* cf. *multiformis* ROEM. (3 junge, schlecht erhaltene Exemplare). Unbestimmbare Bruchstücke von verschiedenen Muscheln	Mittelgrauer, sandiger, sehr kalkiger Mergel m. Glaukonit und Spuren v. Glimmer.	,,
878,30–886,30 0,55 v. Kopf.	*Panopen* cf. *neocomiensis* LEYM.	Mittelgrauer, sandiger Mergel m. Spuren v. Glaukonit u. Glimmer.	,,
878,30–886,30 0,70 v. Kopf.	*Crioceras* cf. *roemeri* N. u. U. (Juv., pyritisiert, Bruchstück z. d. *A.radiatus* BRUG.).	Mittelgrauer, sehr sandiger u. sehr kalkiger Mergel m. Glaukonit.	,,
878,30–886,30 1,00 v. Kopf.	*Trochus* sp. *indet.* (schlecht erhalten u. pyritisiert). *Pholadomya* sp. (Type *Ph. esmarki* NILS. oder *atenuata* ROEM., Bruchstück, schlecht erhalten).	,,	,,
878,30–886,30 1,07–1,17 v. K.	*Avicula* cf. *corneliana* d'ORB. (Bruchstück). *Gervillia* sp. (Type *G. tenuicostata* P. et. C.	Mittelgrauer, sandiger und sehr kalkiger Mergel mit Glaukonit.	,,
878,30–886,30 1,80 v. Kopf.	*Panopea* cf. *cylindrica* P. et. C. (ähnelt auch der *P. arcuata* AG, schlecht erhalten).	Mittelgrauer, sandiger u. sehr kalkiger Mergel m. Glaukonit.	,,
878,30–886,30 2,10 v. Kopf.	*Serpula* cf. *filiformis* SOW. (Bruchstück). *Cyprina* sp. indet. (Bruchstück, schlecht erhalten).	Mittelgrauer, sandiger Mergel m. Glaukonit u. Glimmerspuren.	,,
878,30–886,30 2,60 v. Kopf.	*Pecten orbicularis* SOW. (mehrere Exemplare)	,,	,,
878,30–886,30 3,60 v. Kopf.	*Cardita* cf. *tenuicostata?* SOW. (schlecht erhalten).	,,	,,
878,30–886,30 4,85 v. Kopf.	*Leda* cf. *vibrayana* d'ORB. (schlecht erhalten).	Mittelgrauer, sandiger u. sehr kalkiger Mergel m. Glaukonit u. Spuren v. Glimmer.	,,
886,30–892,10 (+2,40–3,40)	*Anthonya* (*Ptychomia*) sp. (Steinkern). *Astarte numismalis* d'ORB. (mehrere Exemplare).	Mittelgrauer, sandiger Mergel m. Spuren von Glaukonit und Glimmer.	,,
886,30–892,10 0,15 v. Kopf.	*Dentalium* sp. (*D. elipticum?* SOW. Schlecht erhalten, sonst im Gault).	,,	,,
886,30–892,10 0,20 v. Kopf.	*Anatina* sp. (ähnelt der A. gurgitis P. et. R.). *Venus* sp. (unbestimmbar). *Ammonites* sp. (Bruchstück, unbestimmbar).	Mittelgrauer, sandiger u. sehr kalkiger Mergel m. etwas Glaukonit und Glimmer.	Unter-Hauterive
886,30–892,10 0,30 v. Kopf.	*Lima* sp. (Type *L. longa* ROEM., schlecht erhalten). *Serpula antiquata* SOW. (mehrere Exemplare).	,,	,,
886,30–892,10 0,40 v. Kopf.	*Gervilia* sp. (Type *G. alpina* d'ORB., Bruchstück).	,,	,,
886,30–892,10 2,03 v. Kopf.	*Leda* cf. *scapha* d'ORB. (= *L. maasi* WOLL., schlecht erhalten). *Exogyra* cf. *couloni* Defr. (kleine Form).	2 verschiedene Fazies! Mittelgrauer, sandiger glaukonitischer Mergel, schwach kalkig, und sandiger sehr kalkiger Mergel mit Glaukonitspuren.	,,
886,30–892,10 2,15 v. Kopf.	*Siliqua* cf. *aequilatera* HARB. (= *Solen dupinianus?* d'ORB..	Mittelgrauer, sandiger Mergel mit Glaukonit und Glimmerspuren.	,,

Übergangsschichten; man kann also nur darauf schließen, daß der Zeitpunkt der Transgression der Unterkreide fraglich bleiben muß.

An Hand der erbohrten Sedimente läßt sich erkennen, daß die Schichten der Bohrung Werle 5 in einer tiefen abgeschlossenen kleinen Senke gebildet wurden, besonders im Vergleich zu der Nachbohrung Werle 8. Die Sedimente sind hier feinkörniger, woraus geschlossen werden kann, daß die Küsten- und Brandungslinien verhältnismäßig weit entfernt waren. Die Anwesenheit einer großen Menge Pyrit in allen Kernen und die arme Fauna, die sich größtenteils aus Bruchstücken von Fossilien zusammensetzt und nur durch einzelne, gut erhaltene Exemplare besser vertreten ist, zeigen jedoch, daß das Leben in dieser Senke wegen Ausscheidung von H_2S spärlich, wenn nicht gar unmöglich war und die Fauna erst nach dem Absterben dorthin gebracht wurde oder zufällig hingeriet und schnell starb. Die Fossilien sind hier oft pyritisiert. Die in dem letzten Abschnitt gemachten Bemerkungen sind nur eine Vermutung; sie müssen durch weitere Untersuchungen bestätigt werden.

Literatur

ANDERSON, F. M.: Lower cretaceous deposits in California and Oregon Geol. Soc. of America Sp. Papers, Nr. 16, 1938.
CHRYPLOFF, G.: 1957 a) Das Problem der Unterkreide im nordwestlichen Teil Deutschlands. Z. f. a. G. H. 8–9, S. 360.
– 1957 b. Über die Makrofauna d. Unterkreide aus der Tiefbohrung Werle 8. Idem, H. 11/12/57.
– 1958 a. Über die Peregrinella cf. peregrina. Idem, H. 2/3, S. 70.
– 1958 b. Zur Paläogeographie d. Unterkreide Deutschlands u. zur Wanderung (Migration) d. Meeresfauna. Idem, H. 7/1958, S. 312.
GABB, W. M.: Paleontology v. I and II Geological Survey of California. 1864–1869.
HARBORT, G.: Die Fauna der Schaumburg-Lippeschen Kreidemulde. Abh. der K.pr. geol. Landesanstalt, N.F., H. 45, 1905, Berlin.
KOENEN, A. von: Die Ammoniten des norddeutschen Neocoms. Abh. d. K.pr. geol. Landesanst., N.F., H. 24, Berlin 1902.
LEWINSKY: Das Neokom in Polen und seine paläogeographische Bedeutung. Geol. Rundschau, Nr. 23, 1932.
DE LORIOL, P.: Mont. Salève, Genève 1861–1863.
– Monogr. des couches de l'étage valangien des carrières d'Arzier (Vaud). Mat. pour la pal. Suisse, Bd. IV, 1868.
MAAS, G.: Die Untere Kreide des subherzynen Quadersandsteingebirges. Zeitschr. d. geol. Ges., 1895, Bd. XLVII.
D'ORBIGNY, A.: Paléontologie française. Terrains crétacés, 1843–1867, Paris.

PAWLOFF, A.: Enchainement des Aucelles et Aucellines du Crétacé russe. Nouv. Mém. de la Soc. Imp. des Nat. de Moscou, T. XVII, N. 1, 1907, Moscou.

PICTET & CAMPICHE: Terrains crétacés de St. Croix. Mat. pour la paléontologie suisse, V. IV et V. 1864 – 1871 Genève.

POMPECKJ: Über Aucellen und aucellenähnliche Formen. N. Jahrb. Beilage Bd. XIV, Berlin 1901.

ROEMER, A. F.: Die Versteinerungen des norddeutschen Oolithengebirges mit Nachtrag, 1836 – 1839.

– Die Versteinerungen der norddeutschen Kreidegebirge, 1841.

WEERTH: Die Fauna des Neocomsandsteins im Teutoburger Walde. Pal. Abh. II, 1, 1884.

WOLLEMANN: Kurze Übersicht ... Zeitschr. d. Deutsch. Geol. Ges. Bd. XLVIII, 1896.

– Die Bivalven und Gastropoden des deutschen und holländischen Neocoms; Abh. d. K.pr. geol. Landesanstalt, N.F., H. 31, 1900.

– Die Fauna des mittleren Gault von Algermissen. Jahrb. d. K.pr. geol. Landesanstalt, Bd. XXIV, H. 1, 1903.

– Die Bivalven und Gastropoden d. norddeutschen Gault (Aptiens et Albiens), idem, Bd. XXVII, H. 2, 1906.

– Nachtrag ... über die Bivalven und Gastropoden d. Unteren Kreide Norddeutschlands, idem, Bd. XXIX, Teil II, H. 1, 1908.

WOODS: Monograph of the cretaceous Lamellibranchia of England. Pal. Society, 1899 – 1913, London.

Zur Ausbildung der Geologieingenieure

RUDOLF HOHL, Freiberg/Sa.

Im Rahmen der Diskussion über die Nachwuchsausbildung steht nicht nur die Frage der Diplomgeologen auf der Tagesordnung, sondern ebenso die der Geologieingenieure. Über die Geologenausbildung an den Universitäten liegt bereits ein Aufsatz vom Verf. vor (HOHL 1957). Nach eigener, wenn auch beschränkter Unterrichtserfahrung an der Bergingenieurschule „GEORGIUS AGRICOLA“ in Zwickau, nach Abschluß der diesjährigen Ingenieurprüfungen und auf Grund persönlicher Erfahrungen bei der Anleitung und Ausbildung von Zwickauer Geologieingenieur-Absolventen im täglichen Dienstbetrieb des Geologischen Dienstes soll nunmehr auf Vorschlag der Redaktion dieser Zeitschrift vom Verf. im Interesse einer Verbesserung der Ausbildung in fachlicher und methodischer Hinsicht vor einem größeren Kreis Stellung genommen werden.

Mit einigen Sätzen haben sich bereits K. PIETZSCH (1956) und J. POMPER (1957) geäußert, ohne näher auf den gesamten Fragenkomplex einzugehen. Es ist dies auch deshalb nicht leicht, weil m. E. eine grundlegende Voraussetzung bis heute noch fehlt: ein klares Berufsbild des Geologieingenieurs. Weil dieses klare Berufsbild bisher nicht gegeben ist, wird an der einen Stelle von einem Geologieingenieur etwas anderes verlangt als an der anderen, zumal Geologieingenieure nicht nur bei der Staatlichen Geologischen Kommission, ihren Diensten und Betrieben, sondern auch bei der SDAG „Wismut“, bei Betrieben unseres volkseigenen Bergbaus (Kohle, Salz usw.), beim Hafenbau und an anderen Stellen eingesetzt werden, einmal auf dem Gebiet der Mineralerkundung, dann als Betriebsgeologen, als Berater, Gutachter usw.

Ganz allgemein dürfte darüber kaum ein Zweifel bestehen, daß die Fachschüler in Zwickau mit zu viel theoretischem Wissen belastet werden, das sie bei ihren späteren praktischen Aufgaben meist nicht recht verwenden können, während die angewandt-praktische Seite selbst in der Ausbildung zu kurz kommt. Darüber hinaus scheint der Sektor „Erz“ zu stark in den Vordergrund gerückt.

Als seinerzeit in Zwickau Klassen für Geologieingenieure gebildet und Lehrpläne aufgestellt wurden, mangelte es an der nötigen Erfahrung. Man war sich zwar darüber klar, daß mittlere Kader mit einer stärker technisch-ökonomischen Richtung herangebildet werden müßten, ohne aber schon ihre Einsatzmöglichkeiten richtig zu sehen. Die ersten auf Grund von Sonderprüfungen ausgebildeten Geologieingenieure kamen aus der Praxis, wo sie bereits viele Jahre gearbeitet und sich bewährt hatten. Manche hatten auch einige Semester Hochschulstudium hinter sich, das sie aus verschiedenen Gründen nicht hatten beenden können. Bei den nunmehr auszubildenden Geologieingenieuren waren die Voraussetzungen meist andere.

Heute haben wir Erfahrungen, und diese zwingen zu gewissen Änderungen in der Ausbildung. Wir haben die Pflicht, dafür zu sorgen, daß die an der Fachschule von unserem Staat bereitgestellten Mittel so zweckmäßig wie möglich verwendet werden. Was gestern vielleicht gut und richtig gewesen sein mag, kann heute durchaus überholt sein. Das liegt im Wesen der Entwicklung. So bitte ich, die folgenden Ausführungen nicht als Vorwurf gegenüber der Fachschule, sondern als aus der Praxis stammende kritische Diskussionsgrundlage zu werten.

Fragen wir zunächst, was ein Geologieingenieur ist und was ihn von einem Diplomgeologen unterscheidet. Dabei können wir von den Berufsbegriffen selbst ausgehen. Ein Diplomgeologe ist ein Geologe, ein Geologieingenieur ist dagegen ein Ingenieur. Daraus geht hervor, daß ein Geologieingenieur keinesfalls ein Geologe geringerer Qualifikation ist, sondern etwas anderes. Unter diesen Voraussetzungen dürften auch die Klagen mancher Geologieingenieure verstummen, man gäbe ihnen als wissenschaftlich qualifizierten Kräften bei der Staatlichen Geologischen Kommission keine befriedigenden Aufgaben. Die Schuld liegt dann aber nicht bei den verantwortlichen Mitarbeitern der StGK, sondern bei den Geologieingenieuren selbst. Es wäre widersinnig, aus Geologieingenieuren durch Darbietung einer großen Stoffülle Ersatz für Diplomgeologen schaffen zu wollen. Eine solche Einstellung geht an der Aufgabe eines Geologieingenieurs vorbei und ist abzulehnen. Wenn auch der Geologieingenieur dem Diplomgeologen vielfach zuarbeiten wird, hat er doch besondere und durchaus selbständige Aufgaben, speziell in montangeologischer, technischer und ökonomischer Hinsicht. Seine Aufgabe wird bei der Erkundung die Betreuung der operativen Arbeiten, nicht aber die wissenschaftliche Auswertung der Aufnahme sein.

Ein Ingenieur ist nach dem Sprachgebrauch ein wissenschaftlich gebildeter Techniker, ein Geologe aber ein Naturwissenschaftler, der freilich auch gewisse technische und ökonomische Kenntnisse braucht, um seine Aufgaben in der Volkswirtschaft der Gegenwart erfüllen zu können. Das ändert aber nichts an der Tatsache, daß ein Diplomgeologe nicht in erster Linie Techniker ist, im Gegensatz zum Bergingenieur oder Bohringenieur und ebenso im Gegensatz zum Geologieingenieur, den ich als Techniker mit speziell geologischen, aber auch ökonomischen Kenntnissen definieren möchte.

Demzufolge sollte ein Geologieingenieur dem Diplomgeologen in seiner technischen Fertigkeit und seinem technischen Wissen überlegen sein. Daher muß sich der Ausbildungslehrgang an der Fachschule in Zwickau grundsätzlich von dem der Hochschulen für das Studium der Geologie unterscheiden. Die Stoffpläne dürfen sich nicht zu eng an die Vorlesungen der Hochschulen oder bekannte Lehrbücher anlehnen, wie z. B. für „Allgemeine Geologie" an KAYSER-BRINKMANN bzw. für die „Geologie von Deutschland", an DORNs „Geologie von Mitteleuropa".

Die Schwierigkeiten bestehen besonders darin, erfahrene Praktiker als Lehrkräfte einzusetzen. Daß Erkundungsmethodik, Dokumentation, Probenahme und Bemusterung von Geologen der Staatlichen Geologischen Kommission unterrichtet wird, reicht leider nicht aus. Ich sehe die Möglichkeit einer gewissen Änderung der gegenwärtigen Verhältnisse darin, daß die Dozenten der Geowissenschaften während ihrer Ferien, ähnlich wie die Fachschüler, bei den Geologischen Diensten oder Bergbaubetrieben praktizieren, um die von Geologieingenieuren durchzuführenden Arbeiten und Aufgaben an Ort und Stelle kennenzulernen. Vor allem sollte dies auf dem Gebiet der Erkundungsgeologie von Lagerstätten über und unter Tage, bei bergmännischen und Bohrarbeiten, aber auch auf den Gebieten der Hydrogeologie, Ingenieurgeologie und Bodengeologie erfolgen, damit klar wird, was den Geologieingenieur in der Praxis des Alltags erwartet und was er von der Fachschule mitbringen muß. Natürlich wird ein Jungingenieur nicht vom ersten Tag an vollwertig eingesetzt werden können, sondern er muß erst Erfahrungen sammeln. Dazu dient die Assistentenzeit bei der StGK, aber er soll nicht nur eine Menge zum Teil überflüssigen Wissens besitzen, sondern auch Verständnis und ein gewisses Maß praktischen Könnens, und das auf verschiedenen Gebieten. Es ist nicht immer möglich, einen Geologieingenieur in jenem Betrieb einzusetzen, von welchem er 3 Jahre zuvor zum Fachschulstudium delegiert wurde.

Geologie ist eine Wissenschaft, die man nicht allein im Unterricht, im Laboratorium, in der Sammlung oder aus Büchern lernen kann, sondern in der Natur selbst. Daher gilt es, mehr Übungen im Gelände, an der Bohrstelle, im Schacht und mehr Exkursionen, von allem kleine, halb- oder ganztägige, durchzuführen. Wesentlich ist dabei, daß größere Wegstrecken zu Fuß zurückgelegt werden, damit die Studierenden auch im Gebiet ohne Aufschlüsse lernen zu beobachten. Es wäre völlig verfehlt, bei Exkursionen im Autobus von Aufschluß zu Aufschluß zu fahren. Da bei den Geologieingenieuren die technische Seite stärker betont werden muß, gehört dazu eine reichlichere Befahrung von Erkundungsarbeiten, von Gruben und Steinbrüchen, von Betrieben (Ziegeleien, Betonwerke, grob- und feinkeramische Werke, Gießereien usw.), um die Studierenden mit allen auftretenden Fragen weitgehend vertraut zu machen. Im Steinbruch interessiert z. B. nicht nur das Gestein und seine Lagerung, sondern ebenso die Gewinnung und die weitere Verwendung. Es entspricht also nicht dem Zweck der Ausbildung, wenn man z. B. am Rochlitzer Berg einen Bruch im Porphyrtuff besucht, ohne daß die Exkursionsteilnehmer in Rochlitz die Verarbeitung des Gesteins kennenlernen. Gleiches gilt natürlich auch für Ziegeltongruben, Gruben für Schamotteton usw. Die Staatliche Geologische Kommission erkundet z. B. nicht nur eine Tonlagerstätte allgemein, sondern Tone für bestimmte Zwecke. Der Geologieingenieur muß also etwas von den Untersuchungsmethoden, der Bewertung chemischer, physikalischer und brenntechnischer Untersuchungen und von der Technologie der Verarbeitung selbst verstehen. Das alles ist wichtiger und praxisnaher, als wenn er die Schichtenfolge von Algonkium und Altpaläozoikum des Schwarzburger Sattels mit sämtlichen Diskordanzen auswendig lernt.

Im Unterricht selbst hüte man sich vor reinen Vorlesungen. Hier erscheint eine seminaristische Arbeit wesentlich, um den Dozenten zu zeigen, wo noch Schwächen bestehen und was nicht verstanden ist. Schriftliche Leistungskontrollen nach Abschluß einzelner Kapitel ermöglichen das kaum allein.

Wie kann man nun den praktischen Teil des Unterrichts verbessern? Zunächst muß man bei den Übungen zwischen Außenarbeiten (bei günstiger Witterung) und Innenarbeiten unterscheiden. Bei der glücklichen Lage Zwickaus bieten sich Außenarbeiten im Planitzer Steinbruch, an der Autobahn, an der Mulde an der Cainsdorfer Brücke, in der Kiesgrube Oberrothenbach usw. zahlreich an (maßstabgerechte Aufnahme von Details, Messungen von Kreuzschichtung, Abrollung usw.). Gegebenenfalls könnten auch in den Zwickauer Steinkohlengruben Untertageaufnahmen durchgeführt werden. Wie man in kleinen Aufschlüssen arbeiten kann, zeigt die Abbildung, die im Jahre 1954 bei Kazimierz an der Weichsel in der VR Polen aufgenommen wurde.[1]) Die polnischen Fachschülerinnen und Fachschüler hatten mit Bandmaß und Holzwinkeln im Maßstab 1:50 genaue Profile aufzunehmen, zu zeichnen und schriftlich zu erläutern. Solche Arbeiten müßten nicht nur im festen Gebirge, sondern ebenso im Bereich von tertiären und quartären Lockermassen vorgenommen werden, zumal der größte Teil der DDR oberflächlich aus solchen Ablagerungen und nicht aus festen Gesteinen besteht. Bisher ist die Ansprache von losen Massen in Zwickau ebenso wie das große und volkswirtschaftlich wichtige Gebiet der Lagerstätten der Steine und Erden nur gestreift

[1]) Herrn Dr. H.-L. HECK, Schwerin, danke ich für die Überlassung der Aufnahme.

Praktikum polnischer Geologiefachschülerinnen und -fachschüler in einem Steinbruch in kieseligen Mergeln des Maastricht bei Kazimierz an der Weichsel
(H.-L. HECK, 1954)

worden. Ein Geologieingenieur muß Kenntnisse über Zement, Beton und Zuschlagstoffe besitzen. Er muß wissen, wo die größten Zementwerke der DDR stehen, was sie verarbeiten, welche Anforderungen an Betonzuschlagstoffe gestellt werden, wo man sie sucht, wie man sie erkundet usw. Ähnliches gilt für die zusammen mit der Braunkohle vorkommenden Tone und verschiedenartigen Sande, aber auch für die Kaoline und verwandte Erden, die teilweise wichtige Exportartikel unserer Republik sind. Bei den Übungen im Gelände sollte man wiederholt mit der 2 m-Peilstange arbeiten, zumal man dabei die Ansprache und Beschreibung von Lockermassen üben kann und die Peilstange bei der geologischen Kartierung aber auch in der Ingenieurgeologie eine wichtige Rolle spielt.

Auch bei den praktischen Innenarbeiten besteht kein Stoffmangel. Abgesehen vom Bestimmen und Beschreiben von Mineralien und Gesteinen, vom Entwurf einfacher Schnitte an Hand der geologischen Spezialkarte oder von Schichtenverzeichnissen usw. sollte der Schwerpunkt auf der Dokumentation von Lagerstätten liegen. Dazu müßten die verschiedenen Anweisungen der StGK (Kernentnahme und Kernbehandlung, Felddokumentation usw.), die in dieser Zeitschrift abgedruckt sind, genau behandelt werden. Es gilt klarzumachen, wie die Aufnahme von Erkundungsarbeiten vorbereitet wird, worauf es bei der Überwachung und Bearbeitung von Planobjekten ankommt, was die Aufgabe eines Geologieingenieurs ist.

Regelmäßig müßte das Beschreiben von Bohrkernen und Bohrproben von losen Massen geübt werden. Material wäre im Einvernehmen mit der StGK bzw. ihren Diensten zu beschaffen. Dazu sollte ein Zwickauer Dozent oder Assistent laufend mit den Geologischen Diensten Fühlung halten. Bei Exkursionen können durchaus Bohrproben im Rucksack mitgebracht werden. Dabei wird gleich das richtige Verpacken und Etikettieren geübt.

Bei den diesjährigen Ingenieurprüfungen fiel auf, daß der Unterricht vielfach reichlich Stoff geboten hatte, daß dieser aber von den Fachschülern nicht immer ausreichend verstanden worden war. Es genügt, auf den einzelnen Gebieten die geologischen Grundzüge klarzumachen, ohne auf Einzelheiten einzugehen. Es wurden teilweise Fragen gestellt, die weit über das erforderliche Maß hinausgingen. Andererseits versagten Prüflinge schon bei sehr einfachen Dingen, speziell auf chemischem Gebiet. Es hat keinen Zweck, in der Bodenkunde über „gemischte Gele“ u. a. m. zu sprechen, wenn z. B. einfache Vorgänge, wie die Löslichkeit von $CaCO_3$ in CO_2-haltigem Wasser, der Nachweis von $CaCO_3$ mittels Salzsäure und ähnliche Dinge, nicht klar sind. Hier scheint eine engere Zusammenarbeit zwischen den Grundwissenschaften und den geologischen Fachdisziplinen erstrebenswert. Das Verständnis und das Beherrschen einfacher Dinge sind die Voraussetzung für jedes tiefere Eindringen in den Stoff. Gleiches gilt auch für die regionale und historische Geologie, nicht minder für Hydrogeologie und Ingenieurgeologie. Es erscheint z. B. wichtiger, Begriffe der praktischen Hydrogeologie, wie Sinn und Zweck eines Dauerpumpversuches, Grundwasseroberfläche, Grundwasserspiegel, Druckspiegel, Absinken und Absenkung, Beharrungszustand usw., klarzumachen, als hydrologische Formeln abzuleiten. Auch eine Kenntnis der wichtigsten Pumpenarten gehört zum Grundwissen eines Geologieingenieurs, zumal er in der Praxis mit der Überwachung und Auswertung hydrogeologischer Bohrungen beschäftigt wird. Wenn geologische Fachausdrücke und Begriffe genannt werden, muß man verlangen, daß der Geologieingenieur weiß, um was es sich handelt, sonst entsteht der Eindruck von überflüssigem, auswendig gelerntem Gedächtniswissen. Oft macht sich dann der Jungingenieur über sein Können ein falsches Bild, das ihm nicht nützt, sondern schadet.

Zusammenfassend muß festgestellt werden, daß trotz der anerkennenswerten Mühe und dem großen Fleiß, den die Fachdozenten in Zwickau bei der Ausbildung der zukünftigen Geologieingenieure aufgewendet haben, grundlegende Änderungen im Ausbildungsplan notwendig erscheinen. Primär dürfte die Entwicklung eines klaren Berufsbildes des Geologieingenieurs sein, im Anschluß daran eine Neugestaltung des Lehrplanes, wobei speziell auf die praktisch-geologischen Belange, aber auch auf die technische und ökonomische Seite Rücksicht zu nehmen wäre. Grundsätzlich sollten praktische Fragen im Unterricht und in den Übungen im Vordergrund stehen, der theoretische Stoff könnte weitgehend gekürzt werden. Diese Frage sollte in gemeinsamer Diskussion von Dozenten, StGK, Staatssekretariat für Hoch- und Fachschulwesen, Betrieben und anderen Stellen überprüft werden. Vielleicht zieht man auch einige ausreichend erfahrene Geologieingenieure aus der Praxis hinzu. Man könnte dabei zugleich erörtern, ob man nicht doch wieder eine Dreiteilung schaffen sollte, wie sie sich nach des Verf. Erfahrungen bewährt hatte: Diplomgeologe, Geologieingenieur und Geologietechniker, zumal nicht alle Fachschüler ein wirkliches Ingenieurniveau erreicht haben.

Nach Fertigstellung des Aufsatzes haben sich insofern begrüßenswerte Änderungen in der Ausbildung der Geologieingenieure ergeben, als seit dem Herbst 1958 die zukünftigen Absolventen der Fachschule jede 6. Woche im praktischen Einsatz bei den Geologischen Diensten, Betrieben u. a. m. verbringen. Mit Beginn des Jahres 1959 wird diese Maßnahme noch dadurch verbessert, daß dieses Praktikum vierteljährlich nur einmal erfolgt und dafür 2 Wochen umfaßt. Da bei diesem Einsatz jeweils ganz bestimmte Aufgaben vorgesehen sind, die während des Studiums bei den einzelnen Praktikanten wechseln (z. B. Untertagekartierung, Aufnahme eines Steinbruches, Aufnahme einer Sand- oder Lehmgrube, Mitarbeit bei ingenieurgeologischen und hydrogeologischen Begutachtungen usw.), wird erreicht, daß in Zukunft schon während des Studiums ein weitgehender Einblick in die mannigfachen Aufgaben der Praxis möglich ist.

Außerdem wurde am 24. 11. 58 nach einer Aussprache über das Ausbildungsziel der Geologieingenieure, die von der StGK Berlin angesetzt wurde und an der Vertreter des Staatssekretariates für Hoch- und Fachschulwesen, der Bergingenieurschule Zwickau und der StGK beteiligt waren, eine Kommission gebildet, die Vorschläge zum Berufsbild des Geologieingenieurs und über den zukünftigen Lehrplan ausarbeiten und zur Diskussion stellen wird.

Literatur

HOHL, R.: Zur Frage der Nachwuchsausbildung. – Z. angew. Geol. 1957, S. 108–112.

PIETZSCH, K.: Zur Frage der Geologenausbildung. – Ebenda 1956, S. 529–531.

POMPER, J.: Beitrag zur Frage der Geologenausbildung. – Ebenda 1957, S. 253/54.

Lesesteine

Für geologische Forschungen in Westdeutschland kein Sinn, kein Verständnis, kein Geld

Zu dieser Schlußfolgerung kommt der bekannte westdeutsche Lagerstättenforscher HANS SCHNEIDERHÖHN in seinem Beitrag „Die Entwicklung der Kenntnis der Erzlagerstätten im Schwarzwald"[1]).

Die nachfolgenden Ausführungen SCHNEIDERHÖHNS sprechen für sich. Nachdem er den bisherigen Verlauf der geologischen Forschungsarbeiten im Schwarzwald geschildert hat, fährt er fort:

„Von 1948 an bis jetzt bearbeitete dann KIRCHHEIMER, z. T. WIMMENAUER, die Uranlagerstätten.

Ende der 40er Jahre wurde dann die Organisation der ‚Blei-Zink-Monographien' unter dem Patronat der ‚Gesellschaft Deutscher Metallhütten- und Bergleute' gegründet. In ihr sollte ich mit verschiedenen Mitarbeitern den Schwarzwald übernehmen. Ich glaubte längere Zeit, das auch noch selbst vollenden zu können. Indessen ergaben sich im Laufe der Jahre doch verschiedene immer größer werdende Schwierigkeiten: Zerstörung des alten Institutes, jahrelanger Mangel an Räumen, langsamer und ungenügender Wiederaufbau, Mitarbeitermangel.

Es fehlten alle Geldmittel zur Unterstützung der Arbeiten im Gelände (für diese letzten Arbeiten der ‚Monographie' wurden seitens der Organisation keine Unterstützungsgelder mehr gezahlt). Und hauptsächlich: Es waren zwar die Hauptgänge im Schwarzwald bearbeitet, aber es fehlten buchstäblich noch Hunderte, die zwar wirtschaftlich wertlos, aber wissenschaftlich für die erschöpfende Darstellung der Metallogenese unbedingt notwendig waren; vor allem fehlte es, wenigstens zu meiner Zeit, für die Bearbeitung an:

Unterstützung der Feldarbeiten, Geldmitteln für flache Schürfe, die Zugänglichmachung der alten Baue, das Durchkutten der Halden, Instrumenten, Mitteln für spektrographische Untersuchungen, die hier besonders wichtig sind, weil zahlreiche Spurenmetalle die Unterprovinzen unterscheiden, an Mitarbeitern und vor allem an Raum für die Sammlungen und zum Arbeiten in dem wieder aufgebauten und viel zu knapp bewilligten Institut.

Staatliche und sonstige maßgebende Stellen hatten für derartige Arbeiten keine Mittel.

Somit ist die Schwarzwald-Monographie unter meiner Leitung nicht fertig geworden. Einige Jüngere halten daran fest, aber es fehlen noch zu viel Einzelarbeiten dafür. Es bleibt jetzt ein Fragment. Es muß sehr viel Geld zur Verfügung gestellt werden. Die ganze Spektroskopie fehlt. Irgendeinen bergwirtschaftlichen Erfolg kann man nicht prophezeien, im Gegenteil, es wird, mit Ausnahme vielleicht von Uran in Wittichen, kein Bergbau im Schwarzwald mehr möglich sein. Das ist ja überhaupt in Deutschland der Fehler, daß für solche Art naturkundlicher Forschung im Lande selbst kein Sinn, kein Verständnis und kein Geld da ist, bei keiner Stelle." He.

[1]) Sonderdruck der „Ztschr. d. Deutschen Geol. Gesellschaft", Jg. 1958, Bd. 110, S. 17–21.

Goldsucher unseres Jahrhunderts

Aus H. STEINERTs gleichnamigem Werk, Econ-Verlag GmbH, Düsseldorf (1957), 75–77, entnehmen wir folgenden interessanten Abschnitt:

„Allerdings kennt selbst dieser Mann, Spitzeninstanz aller Uransucher der Vereinigten Staaten, zu diesem Zeitpunkt noch nicht die Größe der jüngsten und bedeutsamsten Entdeckung eines Uranfeldes in den USA: des Riesenerzfeldes von ‚Ambrosia Lake' in Neumexiko. Erst im Lauf des Jahres 1956 erschließt dort die Erdölfirma Kerr MacGee, kurz ‚Kermac', die vielleicht seltsamste Uranlagerstätte der Welt: ein urangefülltes Ölfeld.

Die Entdeckung dieses Feldes ist höchst undramatisch. Bei der sozusagen turnusmäßigen Untersuchung aller in den Bohrarchiven der Vereinigten Staaten vorhandenen Bohrproben stoßen Geologen April 1955 auf einige Proben aus einer vergeblichen Ölbohrung in Neumexiko. Diese Bohrungen hatten ausgedehnte Schichten einer asphaltartigen braunschwarzen Masse in Sandsteinschichten entdeckt: Der Rest eines Ölfeldes, dessen flüssige Bestandteile irgendwann in der Urzeit vor 50 oder 70 Jahrmillionen zur Erdoberfläche abgeflossen und dessen schwerflüchtige Bitumenreste übriggeblieben waren. Die ölsuchenden Geologen von Kerr MacGee waren auf der richtigen Fährte, als sie einige Jahre zuvor ihre Rotary-Bohrgeräte in diesem Ölrevier ansetzten. Nur Erdöl, das sie suchten, war nicht mehr vorhanden und das, was vorhanden war, suchten und erkannten sie nicht.

Bis Ende 1955 galten daher die Bohrungen im Tal von Ambrosia Lake bei Kermac als Fehlinvestition. Bis zu dem Tag, an dem ein Zähler über einigen dieser Proben unerwartet heftig auszuschlagen beginnt: Uran! Dieser verhärtete, ‚gealterte', durch Sauerstoff ‚oxydierte' und nicht einmal für die Produktion von Straßenbaumaterial brauchbare Asphaltstoff enthält das ‚magische Metall' — und zwar, wie sich bald herausstellt, in ungeheuren Mengen.

Schon Ende 1955 entfaltet Kermac eine in der Geschichte der Uransuche der USA einmalige Aktivität. In aller Stille werden die Erdölbohrgeräte mit einem für die Bohrmeister neuem Ziel eingesetzt. 2000 Bohrungen, für rund 2 Millionen Dollar werden in anderthalb Jahren niedergebracht. Einschließlich der Operationen benachbarter Firmen wird rund eine Million Meter gebohrt — durch immer neue Uranerzschichten. Über Dutzende von Quadratkilometer dehnt sich im Untergrund ein Uranfeld von in den USA unbekannter Ausdehnung, das nur von zwei anderen Uranrevieren der Welt (Südafrika und Blind River) übertroffen wird. Rund 40 Millionen Tonnen Erz mit einem Durchschnittsgehalt von 0,3 Prozent sind bis heute dort nachgewiesen — und noch immer surren die Bohrgeräte weiter und erschließen neue Linsen und Schichten des seltsamen Uranerzes Coffinit (eine Verbindung von Uran mit Humussäuren). Manche sind 10, 20 und 30 Meter stark — ein Reichtum, der die USA wieder auf gleiche Front im Uranwettrennen mit dem Nachbarland Kanada bringen dürfte.

Als Ende 1956 die großen Uranländer des Westens ihre Karten offen auf den Tisch legen und J. C. JOHNSON sein Land zum derzeit größten Uranland der Welt erklärt, ist das praktisch ein Erfolg der Erdölfehlbohrungen von Kermac: Allein rund 60 Prozent der Uranreserven der Vereinigten Staaten enthält das Feld von Ambrosia Lake. Der Urangehalt der dortigen Erze je Tonne liegt mehrfach höher als in den Großfeldern der Konkurrenzländer.

Trotzdem steht es keinesfalls fest, ob die USA dauernd Uranvormacht der Erde bleiben werden."

Öl regiert die Welt; Geschäft und Politik

Der Verfasser des gleichnamigen Werkes (J. JOESTEN, Rauch-Verlag, Düsseldorf, 1958) betont, daß das internationale Erdölkartell, der Block der „Großen Sieben" (USA: Standard Oil Co., New Jersey; Standard Oil Co. of California; SoconyVacuum Oil Co., Inc.; Gulf Oil Corporation; The Texas Co.; britisch-holländisch: Anglo-Iranian Oil Co., Ltd.; Royal Dutch/Shell-Gruppe), den Gang der Weltwirtschaft und des Weltverkehrs lenkt.

„Hundert Jahre hat es gedauert, bis das Öl diese Machtposition errang. 1959 wird der 5. Welt-Erdölkongreß in New York dieses hundertjährige Jubiläum feiern — vielleicht den Höhepunkt in der Geschichte der Ölwirtschaft, den Zeitpunkt, in dem das Öl neben den beiden politischen Blöcken sich zu einer fast ebenbürtigen ‚dritten Großmacht' erhob." In den USA erschien das Buch unter dem Titel „Oil to day".

Der Verfasser macht praktische detaillierte Angaben darüber, wie die Magnaten des kapitalistischen Erdölgeschäftes hinter den politischen Kulissen arbeiten. Er beschreibt die einzelnen Konzessionsgebiete unter Angabe der Vorräte, der Förderleistung und der Raffineriekapazität, die Einflußsphären der einzelnen Monopolgesellschaften, darunter das „Imperium der Ölwirtschaft", das Esso-Reich, „in dem die Sonne nicht untergeht". Von JOHN D. ROCKEFELLER erfahren wir, daß er „im Alter ein Mann von seriösen Geschäftsgrundsätzen geworden war", vom Junior, daß er eigentlich ein armer Millionär ist, vom Geologen und heutigen Generaldirektor des Esso-Reiches EUGENE HOLMAN, daß er „Vorsitzender jener halboffiziellen Hilfsorganisationen ist, die es sich unter dem Namen ‚Crusade for Freedom' angelegen sein läßt, alle freiheitlichen (gemeint sind regierungsfeindlichen, d. Ref.) Bestrebungen hinter dem Eisernen Vorhang tatkräftig zu unterstützen und die insbesondere das ‚Radio Freies Europa' finanziert."

Das fast 550 Seiten umfassende Buch stellt so ein Konglomerat von brauchbaren wirtschaftlichen Daten, die oft bis Mitte 1958 reichen, mit Histörchen und Klatsch dar, die dazu dienen sollen, die imperialistischen Erdölmanager populär zu machen. So wird z. B. HOLMAN als „einer der sympatischsten Ölmagnaten Amerikas" beschrieben.

Interessant ist, daß der Autor eine gegen EISENHOWER, DULLES und die aus Texas stammenden Erdölmanager gerichtete politische Tendenz zum Ausdruck bringt. Er sieht „Schatten über dem Weißen Haus", in dem immer noch der „entgötterte EISENHOWER" thront. „DWIGHT D. EISENHOWER, der Präsident der Vereinigten Staaten, wäre ohne die massive Hilfestellung der Ölindustrie niemals in das Weiße Haus eingezogen." Die Ölinteressenten von Texas haben ihn wählen lassen, er ist der Präsident der Ölmilliardäre; EISENHOWER kommandiert die NATO, er selbst wird von dem Ölmagnaten HUGH ROY CULLEN kommandiert.

Zur EISENHOWER-Doktrin äußert sich der Verfasser: „Hinter einer Fülle tönender Redensarten über den Kampf gegen den internationalen Kommunismus verbirgt sich nichts anderes als das ängstliche Bestreben der Ölleute, ihre Investitionen im Mittleren Osten zu schützen und sich weitere Einflußgebiete zu sichern."

Es ist die Furcht vor der steigenden Erdölförderung der sozialistischen Länder, die als Gespenst in den kapitalistischen Erdöldynastien herumgeistert. Der Autor meint dazu:

„Gibt es eine Macht, die der Herrschaft der Öl-Manager gefährlich werden könnte? Es gibt sie. Die Erdölförderung des Ostblocks steigt unaufhörlich — längst gehört die Sowjetunion zu den großen Ölexportländern der Welt ... Der gewaltige Anstieg der Mineralölindustrie des Ostblocks läßt erwarten, daß die Sowjets in nicht allzu ferner Zukunft die Schleusen des Ölexports öffnen werden. Dem Druck der roten Ölwoge wird die sorgsam festzementierte Preisstruktur des westlichen Öls nicht standhalten — mit einem Wort: hinter dem Eisernen Vorhang wird der vernichtendste wirtschaftliche Angriff vorbereitet, der die westliche Welt gegenwärtig treffen könnte. Der überraschende Start des ‚Sputnik' traf nur das technische Prestige der USA — die Gefahr eines weltweiten Ölpreis-Dumpings träfe die wirtschaftlichen Grundlagen ihrer politischen Macht.[1]) Innerhalb weniger Jahre muß sich entscheiden, wie die Ölmacht Nr. 1 von morgen heißen wird."

[1]) Vgl. E. LANGE: Der Rohölpreis des kapitalistischen Weltmarktes Z. angew. Geol. 2/1956, S. 289–290.

Alles in allem ein Buch, das gut geschrieben ist, das wertvolle wirtschaftliche Daten vorwiegend aus den kapitalistischen Ländern bringt, während die Angaben aus den sozialistischen Ländern lückenhaft und oft falsch sind, politisch die kapitalistische Monopol- und Kartellwirtschaft bisweilen stark kritisiert aber keinen Ausweg aus der verworrenen politischen und ökonomischen Lage des Erdölimperialismus weist. e.

Die Zunge „der Parvati"

Die aus dem Boden austretenden und sich an der Luft entzündenden Erdgase haben seit alters her das Augenmerk der Menschheit auf sich gelenkt.

Noch heute leben in Indien und Persien etwa 100000 feueranbetende Parsen, deren Vorfahren u. a. die „Ewigen Feuer" von Baku und die riesige, von einem hohen Turm umgebene Erdgasfäckel im Tempel von Susa anbeteten. In jenen Gegenden wurden später große Erdöllagerstätten gefunden, und die brennenden Erdgase gaben für die Erkundung und Auffindung ihrer Lagerstätten die ersten wichtigen Fingerzeige.

Auch im Norden Indiens gibt es eine solche heilige Stelle. Dort liegt im Kangra-Tal der alte Tempel von Jawalamukhi. In seinem Innern züngelt eine bläuliche Flamme aus einem Felsenspalt. Zu ihr pilgerten seit Abertausenden von Jahren Gläubige, um sich von der „feurigen Zunge" der Göttin Parvati weissagen zu lassen.

Der gegenwärtige Rohölbedarf Indiens liegt bei 5 Mio jato. Bisher förderte man Erdöl nur in Assam; man konnte jedoch mit der dortigen Förderung nur ein Zehntel des Landesbedarfes decken. Die indischen Geologen haben inzwischen festgestellt, daß die bisher nicht erforschten erdölhöffigen Gebiete mehr als die doppelte Größe Frankreichs ausmachen.

So hat nun eine große geologische Suchkampagne im Kangra-Tal begonnen. Die hundert Brahmanen-Familien, die bisher von den Einkünften der „heiligen, göttlichen Zunge" lebten, werden sich nun allmählich darauf vorbereiten müssen, im Laufe der Zeit von der Kuhfladenfeuerung zu Erdgasverwendung überzugehen.

Die „Zunge der Parvati" lehrt uns zweierlei:

Erstens, der Geologe muß im Gelände jede Erscheinung beobachten, registrieren und analysieren, selbst wenn sie durch alte, noch so sonderbar anmutende religiöse Ideologien übertüncht ist, und zweitens, was den Vorfahren oft als heilig erschien, kann sich in unserem industriellen Zeitalter zum Wohle der Menschen von heute in Produktivkräfte umwandeln, die den Lebensstandard aller heben werden. e.

Besprechungen und Referate

KNEUPER, G.

Brekziengrößen-Analyse, ein Hilfsmittel zur kleintektonischen Untersuchung von größeren Störungen

Neues Jahrbuch für Geologie und Paläontologie, Jg. 1958, H. 7, S. 320–328

Bekanntlich gibt es eine ganze Anzahl kleintektonischer Untersuchungsmethoden, die direkte oder indirekte Aussagen über die Bedeutung der Bewegungsflächen einer Störungszone möglich machen. KNEUPER schildert am Beispiel des mit seinen kleintektonischen Strukturen gut überschaubaren Aufschlusses des Julia-Constantin-Sprunges, einer Querstörung des Ruhrkarbons, wie die Auflösung petrographisch ähnlicher Nebengesteine des Hangenden und Liegenden zu einer tektonischen Brekzie unmittelbar

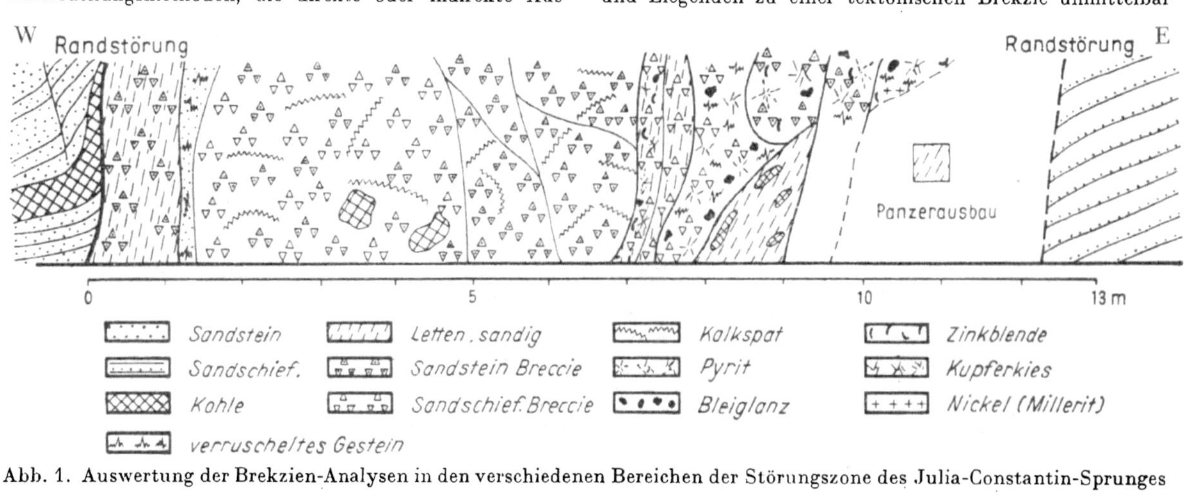

Abb. 1. Auswertung der Brekzien-Analysen in den verschiedenen Bereichen der Störungszone des Julia-Constantin-Sprunges

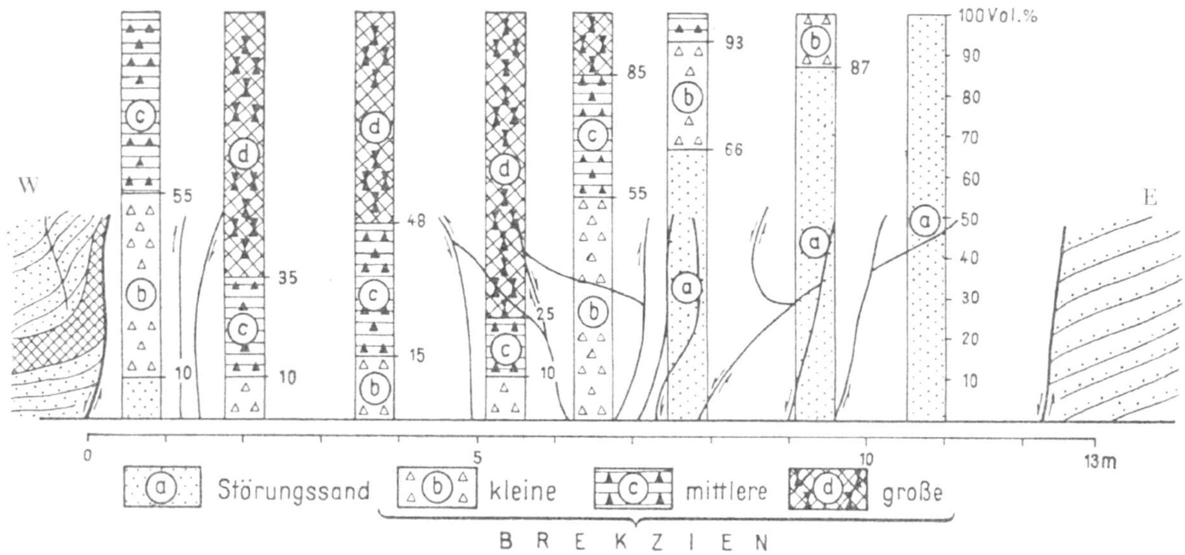

Abb. 2. Auswertung der Brekziengrößen-Analysen in den verschiedenen Bereichen der Störungszone des Julia-Constantin-Sprunges

vom Grad der Durchbewegung abhängig ist. Diese Beziehungen sollen durch den Vergleich einer tektonischen Feinaufnahme der Störungszone mit einer Vermessung und statistischen Auswertung der Brekziengrößen genauer erfaßt werden.

Unter Brekziengrößen-Analyse versteht KNEUPER die Prüfung, Vermessung und vergleichende Gegenüberstellung des Grades der Beanspruchung von Störungsgesteinen in den einzelnen Schollen zwischen den Teilbewegungsflächen einer Störungszone. Ziel einer solchen Analyse soll die Ermittlung und Auffindung der Hauptbewegungsflächen in Störungszonen mit Bewegungsflächenscharen sein. Die Brekziengrößen-Analyse ist, wie bereits erwähnt, eine der vielen kleintektonischen Untersuchungsmethoden, die jedoch nur dann zu brauchbaren Ergebnissen führt, wenn bestimmte Voraussetzungen erfüllt sind. Als wichtigste führt K. folgende an:

1. Der überwiegende Teil der Nebengesteine muß petrologisch gleichartig oder wenigstens ähnlich sein.

2. Die Beanspruchung und Zerlegung muß mindestens bei einem Teil dieser Nebengesteine zur Brekzienbildung geführt haben.

3. Die Störungszone darf in dem untersuchten Aufschluß nicht von älteren oder jüngeren Störungen anderer Streichrichtungen durchkreuzt werden.

Im 3. Falle ist die Brekziengrößenanalyse nur bei nicht zu starker Überprägung oder nur in beschränkten Bereichen der Störungszone anwendbar; nach Ansicht KNEUPERs dann allerdings mit oft überraschend guten Erfolgen.

KNEUPER schildert die Brekziengrößen-Analyse am Beispiel des bekannten Julia-Constantin-Sprunges, welcher als Querstörung zum Generalstreichen des asturisch gefalteten Ruhrkarbons den Nordflügel des Wattenscheider Sattels durchschneidet. Die Verwurfshöhe desselben beträgt etwa 100 m; sein Streichen liegt bei 165° SSE mit einem Einfallen von 75° bis 80° nach WSW.

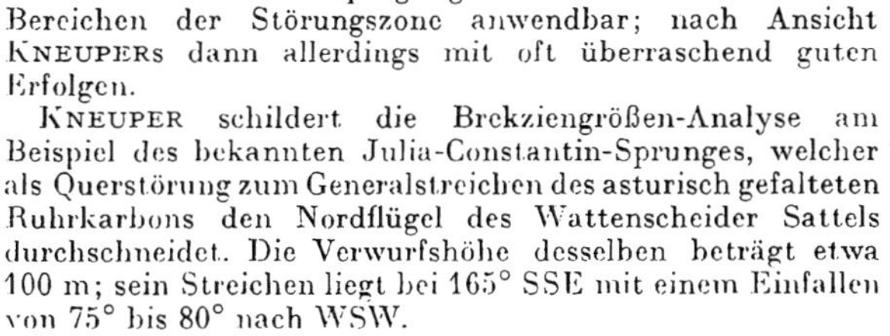

Abb. 3. Darstellung der Einzelbewegungen in der Störungszone des Julia-Constantin-Sprunges

Die kleintektonische Kartierung des untersuchten Gebietes zeigen die Abb. 1 und 3.

Danach sind eine hangende und liegende Randstörung gut zu erkennen. Diese grenzen die Sprungzone scharf gegen das ungestörte Nebengestein ab. Innerhalb der Sprungzone, d. h. zwischen den beiden Randstörungen, treten mehrere teils synthetische, teils antithetische Bewegungsflächen zur Gesamtabschiebungsrichtung auf, die die Sprungzone in Schollen untergliedern (siehe Abb. 3).

Das Nebengestein ist außerhalb der Sprungzone nur an den Randstörungen in seiner durch die Faltung gegebenen Lagerung etwas verschleppt, innerhalb der Sprungzone dagegen stark beansprucht, im Verband völlig aufgelöst und zu Brekzien zerbrochen, in manchen Teilen sogar restlos zu einem lockeren „Störungssand" zerrieben.

KNEUPER schildert anschaulich, wie die Brekziengrößen-Analyse durchzuführen ist: Die verschiedenen Brekziengrößen wurden über die ganze Störungszone hinweg, d. h. von der liegenden zur hangenden Randstörung mit einem Maßstab vermessen. Dabei sind immer nur die längsten Achsen der durch den Streckenstoß zufällig geschnittenen Brekzien aufgenommen worden. Aus den Messungen ging hervor, daß in der Störungszone alle Brekziengrößen, von KNEUPER in vier Größenklassen eingeteilt, zwischen 21 cm und 1 cm vertreten sind.

Das Ergebnis der Brekziengrößen-Analyse in der untersuchten Störung wird in Abb. 2 anschaulich gezeigt. Daraus ist eine deutliche Regelmäßigkeit in der Verteilung der Größenklassen auf die Sprungzone zu erkennen. Kurz vor dem Hangenden sinkt die Brekziengröße stark ab.

Aus der Analyse der Brekziengröße ergibt sich, an welchen Flächen der Störungszone die Hauptbewegungen erfolgt sind. Im Falle des Julia-Constantin-Sprunges sind das die liegende Randstörung, die etwa in der Sprungmitte gelegene Störung und die hangende Randstörung.

Vorstehend wurde KNEUPERs Brekziengrößen-Analyse etwas ausführlicher referiert, weil Ref. der Ansicht ist, daß sie mit einigem Erfolg auch auf ähnliche Störungszonen im Gebiet der DDR anzuwenden ist. F. HESS

TICHOMIROW, W. W.

Zur Frage der Entwicklung der Erdkruste und zur Natur des Granits

Nachrichten der Akademie der Wissenschaften der UdSSR, Geologische Reihe, Nr. 8/1958

Der Verfasser betrachtet die Sial-Schicht und die Granite als eine zeitweilige Erscheinung in der Entwicklungsgeschichte der Erdkruste. Angeregt zu diesem Gedanken wurde er u. a. durch die Tatsache, daß in den Meteoriten nur basische und ultrabasische Gesteine vorliegen. Interessant ist die Gesetzmäßigkeit, daß die Granite nur in

Hebungszonen auftreten: sie bilden den Sockel der Kontinente und sind in den Kernen der Antiklinalfalten zu finden. Nach seiner Meinung entstanden aus den ursprünglich nur vorhandenen basischen-ultrabasischen Gesteinen, die mächtige Sedimentschichten des Archaikums lieferten, durch komplizierte Umwandlungsprozesse schließlich massigkristalline Gesteine vom Typ der Granite. Die chemisch-physikalische Verwitterung dieser primären simatischen Hülle, die im Archaikum wesentlich intensiver vor sich ging, machte große Mengen von Eisen-Magnesium-Verbindungen frei, die später aus den Lösungen ausgefällt wurden und die mächtigen präkambrischen Eisenerzlagerstätten lieferten. In einer redaktionellen Anmerkung zu diesem Aufsatz wird gesagt, daß bei der Behandlung der Geschichte der Sialschicht der Erde keine Daten über die Stoffbilanzen gegeben werden und auch der Umstand nicht genügend berücksichtigt wird, daß die Daten der Geophysik zwar von einer verschiedenen Dichte der Medien zeugen, die die verschiedenen Erdhüllen bilden, aber nichts über ihre petrographische Zusammensetzung aussagen.

W. OESTREICH

SEIDEL, K.

Die Paragenese von Bleiglanz und Zinkblende in Karbonatgesteinen unter der Einwirkung von Chloridlösungen

„Erzmetall“, XI (1958)

Der Verfasser erklärt den Zonenbau von sedimentären Blei-Zink-Lagerstätten in kalkigen und dolomitischen Gesteinen. Als Beispiele werden die schlesischen Blei-Zink-Lagerstätten und die amerikanischen Vorkommen vom Typ des Mississippi Valley herangezogen. Es wird zunächst die Komplexionentheorie von GARREIS erläutert. GARREIS geht von der Tatsache aus, daß die Lagerstätten vom Typ Mississippi Valley Zonenbau von Bleiglanz und Zinkblende zeigen, und zwar so, daß das in seinen Salzen schwerer lösliche Blei stets im Hangenden auftritt, während das viel leichter lösliche Zink in tieferen Lagen vorkommt. Dieses anscheinend anomale Verhalten beider Metalle wird auf Grund von Blei-Chlor-Ionenkomplexen folgendermaßen erklärt: „Man bezeichnet die Menge des in Lösung befindlichen Metalls als die ‚totale Konzentration‘, den Anteil der in der Lösung befindlichen Metallionen hingegen, also den Grad der Ionisation, als die ‚effektive Konzentration‘ der Lösung. Das Verhältnis der effektiven zur totalen Konzentration ist der sogenannte Aktivitätskoeffizient. Je größer dieser ist, um so schneller tritt das Metall in Reaktion und fällt aus, je niedriger, um so langsamer, d. h., es bleibt in Lösung.“

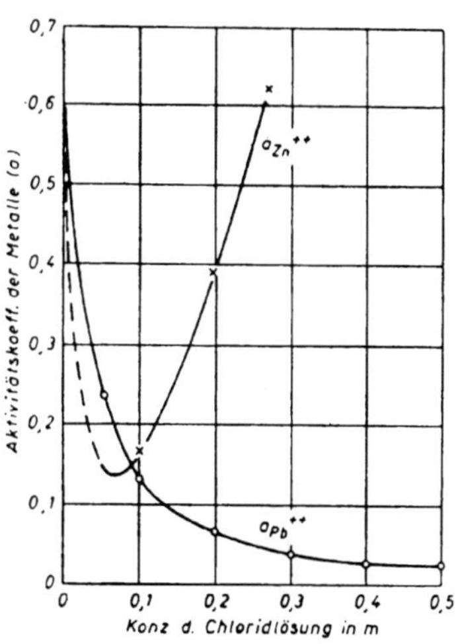

Beziehungen zwischen den Aktivitätskoeffizienten von Blei und Zink und der Konzentration eines neutralen Chlorids (nach R. M. GARREIS).

Der Chemismus der Dolomitisierung und Erzbildung in Kalkgestein unter der Einwirkung von Salzsolen (Allgemeines Schema)

Zum Karbonatgestein hinzutretende Reagenzien	Reaktionen (die feste Phase ist unterstrichen)	Rücklauf und Neubildung
	A. Dolomitreaktion	
H_2CO_3 →	(1) $\underline{CaCO_3} + H_2CO_3 \rightleftharpoons Ca(HCO_3)_2$	←
NaCl →	NaCl als Lösungsgenosse wirksam	
$MgCl_2$ →	(2) $2 \cdot Ca(HCO_3)_2 + MgCl_2 = \underline{CaCO_3} \cdot \underline{MgCO_3} + CaCl_2 + 2\,H_2CO_3$	
	B. Sulfatreaktion	
$MgSO_4$ →	(3) $CaCl_2 + MgSO_4 = \underline{CaSO_4} + MgCl_2$	
	C. Bitumenreaktion	
	(4) $\underline{CaSO_4} + CH_4 = \underline{CaS} + H_2CO_3 + H_2O$	
	$= H_2S + \underline{CaCO_3} + H_2O$	
	CH_4 symbolisch für C_xH_y (organogene Substanz)	
Bakterien →	Reduktion durch Bakterien	
	D. Metallfällung	
HCl →	(5) $\underline{ZnCO_3} + 2\,HCl = ZnCl_2 + H_2CO_3$	←
(Aus Reaktion zwischen NaCl und CO_2 sowie als Rücklauf)	(6) $ZnCl_2 + H_2S = \underline{ZnS} + 2\,HCl$	Neubildung von Dolomit (vgl. (1)

SEIDL 1927/1956

Der Aktivitätskoeffizient wird durch Ionenkomplexe stark beeinflußt. Komplexbildung kommt bei den gegebenen Beispielen wohl fast ausschließlich Chlorionen zu. Das beigegebene Diagramm (Abb. 1) zeigt die Abhängigkeit von Aktivitätskoeffizient und Konzentration einer Chloridlösung (1 m = 1 molare Lösung).

Im zweiten Abschnitt geht SEIDEL auf die Dolomitisierung und Erzbildung in Kalkgesteinen unter Einwirkung von Salzsolen ein. Er hält sich dabei an das in Abb. 2 wiedergegebene Schema und behandelt im dritten Abschnitt auf Grund der Komplexionentheorie nach GARREIS und der Dolomitisierung von Kalkgesteinen den Zonenbau von sedimentären Blei-Zink-Lagerstätten.

Notwendig ist, daß in solchen Bildungsräumen Chloride vorhanden sind. Bei aszendenter Lagerstättenbildung (Mississippi Valley) wird bei einer Chlorionenkonzentration von über 0,1 m sehr viel Zink ausfallen, während Blei in Lösung bleibt, bis durch äußere Bedingungen (z. B. Wasserzufuhr) die Konzentration der Chlorionen stark sinkt. Erst dann fällt Blei aus. Demzufolge wird Zonenbau in der Weise vorhanden sein, daß in den unteren Lagen Zink angehäuft ist, während nach der Oberfläche zu Blei vorherrscht (vertikaler Zonenbau). Horizontaler Zonenbau tritt bei Dolomitisierung von Kalken auf, wenn dabei ihre primären Blei-Zink-Gehalte in Lösung gehen. Die von oben in den Kalk eindringenden Salzsolen bedingen nach der Theorie von GARREIS die Ausfällung von Zink, damit beginnt die Trennung vom Blei. Das ausgefällte Zink sinkt nach unten und wird zumeist über tonigen Schichten festgehalten, während das in Lösung befindliche Blei seitlich abwandert. Es kommt dann in Gebiete mit niedrigerer Chlorionenkonzentration und fällt ebenfalls aus. Als Beispiel für diesen Fall können die oberschlesischen Vorkommen gelten.

E. KNAUER

Erdgas und Österreichs Industrie

„Österreichischer Energiekonsumenten-Verband“, Wien 1957

Im März 1957 fand in Wien eine Tagung österreichischer und italienischer Gasfachleute über Erdgasprobleme statt. In dem vorliegenden Werk sind die Vorträge zusammengefaßt, die vorwiegend die technisch-wirtschaftliche Seite behandeln, die beim Übergang von der Verheizung fester und flüssiger Brennstoffe auf Erdgas auftreten und gelöst werden müssen.

L. KÖLBL befaßt sich in seinem Vortrag mit „Vorkommen und Entstehung der österreichischen Erdgaslagerstätten". Er wies darauf hin, daß der erste Kesselwagen österreichischen Erdöls aus Zistersdorf vor 25 Jahren abtransportiert wurde. Keiner der damaligen Fachleute „hat es sich im Traum einfallen lassen, zu glauben, welche reichen Bodenschätze in bezug auf Erdöl und Erdgas wir in Österreich besitzen".

„Die Erfahrung der letzten 25 Jahre hat gezeigt, daß immer wieder größere und kleinere Lagerstätten erschlossen wurden. Das große Erdgasfeld von Zwerndorf, unser größtes derzeit, wurde erst 1952 erschlossen und weite Teile von Österreich harren heute noch der Erschließung und Durchforschung. Wir können also auch in den nächsten Jahren noch auf verschiedene Überraschungen gefaßt sein."

Mehrere Karten und Profile sind dem Aufsatz beigegeben, vorwiegend vom Mühlbergfeld, dem Ölfeld Matzen und dem Gasfeld Zwerndorf.

J. KROUPA stellt in seinem Vortrag über „Probleme der Erdgasversorgung Niederösterreichs" u. a. fest: 100 Mio m^3 Erdgas vermögen 123000 t Steinkohle oder 215000 t Braunkohle oder rd. 90000 t Heizöl zu ersetzen. „Mit weniger als 280 Mio m^3 Erdgas könnte somit der gesamte Heizölbedarf der Industrie Niederösterreichs von 250000 t ersetzt werden, und 170 Mio m^3 würden genügen, um die Verwendung ausländischer Steinkohle in Niederösterreich zur Gänze zu ersparen." KROUPA rechnet damit, daß sich unter der städtischen Bevölkerung je Abnehmer und Jahr ein Bedarf von etwa 200 m^3 Erdgas ergeben wird.

Besonders sei noch auf den Beitrag von SALIMBENI (Mailand) „Die industrielle Verwendung des Erdgases" hingewiesen, in dem eine beachtenswerte „Übersicht der industriellen Verwendungsmöglichkeiten von Erdgas in Italien" enthalten ist. Es werden in diesem Kapitel besonders die Verwendungsmöglichkeiten in der metallurgischen Industrie, in der metallverarbeitenden Industrie, bei der Glaserzeugung, in der keramischen Industrie, in der Tonwarenindustrie, in der Zementindustrie, in der Papierindustrie und in der Textilindustrie behandelt. Ein weiterer Abschnitt ist der Rolle des Erdgases bei der Dampferzeugung gewidmet.

Der Vorsitzende der Tagung führte zu diesem Referat aus: „Es ist kein Zweifel, daß Italien in der industriellen Verwendung des Erdgases vorangegangen ist. Ich selbst bin jahrelang in Italien gewesen und habe die Entwicklung, die uns Herr Ing. SALIMBENI gezeigt hat, miterlebt. Es ist überwältigend und imponierend zu sehen, wie diese Dinge dort zu einer Entwicklung geführt haben, die kein Mensch je für möglich gehalten hätte. Heute ist Oberitalien — und in kurzer Zeit wahrscheinlich auch Unteritalien — ohne Verwendung des Erdgases nicht mehr zu denken. Die ganze Anfälligkeit der italienischen Industrie, die während des Weltkrieges hinsichtlich des brennbaren Materials die größten Schwierigkeiten hatte, ist überwunden. Es ist kein Zweifel, daß wir uns in Österreich diese Entwicklung zum Vorbild nehmen müssen. Das erfordert eine außerordentliche Improvisationsgabe, die die italienischen Ingenieure in besonders starkem Ausmaß haben, und es erfordert viel industriellen Mut, weil die Anfangsinvestitionen sehr groß sind. Aber es ist kein Zweifel, daß gerade dieses Land mit seiner Entwicklung in der Verwertung des Erdgases zeigt, welche bedeutende Rolle das Erdgas spielen kann."

Auch die Kenntnis der übrigen technischen Aufsätze ist für den Erdöl- und Erdgasgeologen wichtig. In dieser Hinsicht sei vor allem noch auf die Beiträge von E. NAUSCH: „Erforderliche Umstellungen in Betriebsanlagen beim Übergang von festen oder flüssigen auf gasförmige Brennstoffe" und F. BRANDNER: „Die Gasturbine in der Energiewirtschaft" hingewiesen. E.

FREUND, H.

Mikroskopie in der Geologie sedimentärer Lagerstätten (Mikropaläontologie)

Handbuch der Mikroskopie in der Technik Bd. II, Teilband 3, Umschau-Verlag, Frankfurt/M., 115,— DM

In dem Teilband 3 des Bandes II des Handbuches werden die Methoden der Gewinnung, Darstellung und Benutzung stratigraphisch wichtiger Mikrofossilien beschrieben. Im Vordergrund stehen Fragen der Brauchbarkeit und Anwendbarkeit der Fossilien für Stratigraphie und Praxis. Neben den Foraminiferen und Ostracoden, denen eine überragende Bedeutung bei der Erdöl-Bohrtätigkeit zukommt, gilt ein Abschnitt den Conodonten, Echinodermen und Fisch-Otolithen, die ebenfalls als Leitfossilien dienen können. Eingehende präparative fototechnische und optische Erläuterungen zeigen die Lösung schwieriger Fragen der Auflicht-Fotografie, die bekanntlich eine große Schärfentiefe für mikroskopische Objekte erfordert. Einen breiten Raum nehmen dann die Kapitel über Pollenanalyse ein, die heute weit über das Quartär hinausgreifend ältere Formationen erfaßt. Als weitere verwendbare pflanzliche Objekte werden Charophyten und Diatomeen behandelt, die abweichende Gewinnungsmethoden erfordern und wichtige zusätzliche Möglichkeiten zur Beurteilung der Palökologie geben.

Einige der wichtigsten Beiträge dieses grundlegenden Werkes seien im folgenden noch einzeln hervorgehoben.

HILTERMANN, HEINRICH: Anwendung der Mikropaläontologie in der Geologie, entwickelt durch die Erdölgeologie.
BARTENSTEIN, HELMUT: Die Bedeutung der Mikropaläontologie für die Erdölindustrie.
BECKMANN, HEINZ: Arbeitstechniken und Erfahrungen der Mikropaläontologie im Paläozoikum.
HILTERMANN, HEINRICH: Spezielle Arbeitsgebiete der Mikropaläontologie — 1. Foraminiferen.
TRIEBEL, ERICH: Spezielle Arbeitsgebiete der Mikropaläontologie — 2. Otracoden.
REIN, ULRICH: Quantitative Pollenanalyse an Lagerstätten tertiärer Braunkohlen.
OVERBECK, FRITZ: Pollenanalyse quartärer Bildungen.
POTONIÉ, ROBERT: Voraussetzungen einer Sporenstratigraphie der Steinkohlenlager.

WODJANITZKI, W. A.

Darf man zulassen, daß Atomabfälle ins Schwarze Meer abgeführt werden?

„Sowjetwissenschaft", „Naturwissenschaftliche Beiträge", Nr. 9/1958, S. 1021—1029, russ. in „PRIRODA", H. 2, S. 46—52

Der Autor ist der Ansicht, daß es nicht angebracht ist, radioaktive Abfälle in das Schwarze Meer zu versenken. Bekanntlich wird nach einer sehr verbreiteten Theorie angenommen, daß das Schwarze Meer aus 2 Stockwerken besteht und daß eine Vermischung ihrer Wässer nicht stattfinden könne. Nach neueren Forschungen wird — wie der Autor betont — diese Ansicht abgelehnt. Zwischen dem oberen Stockwerk, in dem Oxydationsprozesse stattfinden, und dem unteren, in dem Reduktionsprozesse vorherrschen und in dem Schwefelwasserstoff frei wird, findet ein ständiger gegenseitiger Austausch statt.

„Wir wollen nur kurz bemerken, daß sich die früher herrschende Ansicht, das Schwarze Meer sei ein Gewässer, welches deshalb zu einer dürftigen Entwicklung des pelagischen Lebens verurteilt sei, weil die Nährstoffe mit einem ‚Regen von Leichen' in die Tiefe sinken und nicht wieder zurückkehren, als falsch erwiesen hat. Die quantitative Entwicklung des Planktons und der pelagischen Fische im Schwarzen Meer gibt keinen Anlaß zu einer derartigen Schlußfolgerung. Die hydrochemischen Ergebnisse weisen aber darauf hin, daß eine Wechselwirkung zwischen dem Tiefen- und dem Oberflächenwasser besteht."

Nach neueren Ergebnissen findet die turbulente Durchmischung im Schwarzen Meer noch in einer Tiefe von 1000 m statt und folglich stehen die Oberflächenschichten des Meeres mit der viel größeren Masse des Tiefenwassers im Austausch. Das Schwarze Meer kann also nicht als ein Gewässer mit stagnierender Tiefe betrachtet werden.

„Mikroben der tiefen Zonen können verschiedene Stoffe in sich anreichern; wenn diese Mikroben in die unteren Schichten der Sauerstoffzone gelangen, werden sie von den Planktontieren verbraucht und gehen weiterhin in den Körper von Fischen über."

Wir hatten in unserer Zeitschrift, Heft 9, 1958, bereits darauf hingewiesen, daß man auch in den Vereinigten Staaten Pläne erwogen hat, im Atlantik und im Stillen Ozean in größeren Tiefen radioaktive Abfälle zu versenken. Inzwischen ist durch japanische und sowjetische Forschungen festgestellt worden, daß in beiden Meeren in großer Tiefe Strömungen erheblichen Ausmaßes stattfinden. Die neuesten Untersuchungen im Schwarzen Meer bestätigen gleichfalls, daß die Versenkung von radioaktiven Abfällen in große Meerestiefen unbedingt eine Gefahr für kommende Generationen bedeutet. E.

A. GIESSLER

Das unterirdische Wasser

VEB Deutscher Verlag der Wissenschaften, Berlin W 8, 1957, 187 S., 82 Abb. DM 20,40

Der Autor behandelt in seinem Buch die Probleme der Geohydrologie, die er „als Lehre von den hydrologischen, geochemischen und geophysikalischen Verhältnissen des Wassers in der Erdkruste und den Beziehungen des unterirdischen Wassers zum Gesamtwasserkreislauf" definiert.

Der Geohydrologie stellt er die von ihm nicht behandelte Hydrogeologie „als Lehre von den geologischen, petrographischen, stratigraphischen und morphologischen Beziehungen zwischen Wasser und Gesteinen" gegenüber. Die Arbeitsmethodik beider eng miteinander verknüpften Gebiete unterscheidet sich nach dem Verfasser folgendermaßen: „Während die Hydrogeologie im wesentlichen weiter mit den Forschungsmethoden der Geologie arbeitet, entwickelt die Geohydrologie eigene geophysikalische und hydrotechnische Arbeitsmethoden". Als ein Ziel seines Buches stellt der Verfasser heraus „das Fachgebiet Geohydrologie als Teilgebiet der Hydrologie gegen die Hydrogeologie abzugrenzen".

Nach Ausführungen über Entstehung und Kreislauf des Süßwassers — die in den tieferen Stockwerken der Erdkruste lagernden unterirdischen Salzwässer werden nicht behandelt — werden die physikalischen und chemischen Eigenschaften des Wassers, das verschiedenartige Auftreten von Grundwasser, dessen Messungen und Bewegungen besprochen. Kurz werden auch die geoelektrischen Meßverfahren beschrieben.

Der Verfasser empfiehlt zum Schluß bei den weiteren Forschungsarbeiten die molekularen Eigentümlichkeiten der Struktur der Wassermoleküle „mit dem Hilfsmittel bei den Arbeitsmethoden der Kernphysik weiter zu klären". Er verlangt für die Zukunft, „die geohydrologische Kartierung und Kartendarstellung sowohl für Übertagekartierung wie auch auf montanhydrologischem Gebiet für Untertagekartierung. Dabei muß nicht nur die Methodik der Kartierungsarbeit im Gelände weiter entwickelt werden und gerätemäßig unterbaut werden, sondern auch die Verarbeitung der gewonnenen Resultate zu übersichtlichen, der Forschung und der Praxis gleichermaßen dienenden Spezialkarten muß einer befriedigenden Lösung zugeführt werden". Die Anregungen des Verfassers über die Methode der Kartierung dürfte unseren Hydrogeologen mancherlei Anregung zu einem wissenschaftlichen Meinungsaustausch geben. Jedenfalls sollte jeder Hydrogeologe das Buch eingehend studieren, das der Verfasser selbst als „eine Einführung in die Geohydrologie für Naturwissenschaftler, Mediziner, Landwirte und Ingenieure" bezeichnet. E.

Nachrichten und Informationen

Die ostsibirische Eisenerzbasis

Die „Presse der Sowjetunion" Nr. 116 vom 3. 10. 1958 bringt „Beiträge zur Entwicklung der Produktivkräfte Ostsibiriens". In einem vom Akademiemitglied BARDIN verfaßten Aufsatz „Die Eisenhüttenindustrie Ostsibiriens" teilt der Autor zur Eisenerzbasis dieses riesigen Gebietes mit:

„Eine der wichtigsten Voraussetzungen für die allseitige komplexe Entwicklung der Volkswirtschaft Ostsibiriens und die Vergrößerung ihres Anteils bei der Lösung der ökonomischen Hauptaufgabe der UdSSR besteht darin, in Ostsibirien eine eigene Hüttenindustrie zu schaffen.

Das konsequente Vordringen der sowjetischen Industrie von Westen nach Osten vollzieht sich in großen Etappen und Abschnitten. Der erste Schritt gewährleistete die Entwicklung der Industrie annähernd bis zum Längengrad von Stalinsk oder Kusnezki Alatau. Der zweite Schritt führte bis zum Längengrad des Baikal-Sees. Der dritte bedeutet die Schaffung einer gewaltigen Industrie, darunter auch einer Eisenhüttenindustrie, in den Gebieten Transbaikaliens.

Eine außergewöhnlich wichtige Rolle bei der industriellen Erschließung des Ostens spielt der Bau neuer großer Hüttenbetriebe, die zu der dritten metallurgischen Basis der UdSSR gehören. Die erste Voraussetzung für ihre Schaffung besteht darin, die erforderlichen Rohstoff- und Brennstoffquellen zu erschließen und vorzubereiten.

Lange Zeit hindurch war man der Meinung, Sibirien sei arm an Eisenerzen und besitze gar nicht die notwendigen Voraussetzungen für eine großzügige Entwicklung des Eisenhüttenwesens. Seit den Jahren 1946 und 1947 sind entsprechend einem Beschluß des ZK der KPdSU und des Ministerrats der UdSSR nach einer langen Unterbrechung in Sibirien ausgedehnte Arbeiten zur Erkundung von Eisenerzlagerstätten wieder aufgenommen worden. Einen Eindruck von dem Ausmaß dieser Arbeiten vermitteln folgende Zahlen: Von 1926 bis 1945 sind 81300 laufende Meter Bohrungen niedergebracht worden, von 1946 bis 1956 dagegen 579000, d. h. nahezu das Siebenfache.

Inzwischen hat sich Sibirien von einem Gebiet mit scheinbar geringfügigen Eisenerzvorkommen und beschränkten Möglichkeiten für die Entwicklung der Eisenhüttenindustrie in einen Landesteil verwandelt, in dem bedeutende Mengen Roheisen erschmolzen werden können. Zu diesem Zweck müssen weitaus mehr Erzvorkommen erschlossen werden, deren Erze einen beträchtlichen Fe-Gehalt aufweisen, es müssen Aufbereitungsverfahren mit einem hohen Wirkungsgrad eingeführt, zu den neuen Vorkommen Zufahrtstraßen geschaffen und schließlich eine Reihe großer Erzbergwerke, Aufbereitungs- und Sinteranlagen gebaut sowie die Versorgung der Eisenhüttenindustrie mit Flußmitteln gewährleistet werden u. a. m.

Um die Rohstoffbasis zu erweitern, sind neben den Eisenerzen mit einem hohen Fe-Gehalt immer stärker arme Eisenerze auszunutzen. Das erhöht insbesondere die Bedeutung der Aufbereitungsindustrie, ohne deren Schaffung die Entwicklung einer Eisenhüttenindustrie in diesen Gebieten undenkbar wäre.

Ostsibirien verfügt über eine ausreichende Rohstoffbasis, um eigene Hüttenbetriebe zu bauen und darüber hinaus den Kusbass mit Eisenerz zu beliefern.

Große Eisenerzvorkommen sind im Gebiet Irkutsk in den Lagerstätten des Angara-Ilim-Beckens konzentriert. Allein diese Vorkommen werden auf 900 Millionen Tonnen geschätzt. Der erfolgreiche Abschluß des Baus der Eisenbahnstrecke Taischet-Bratsk-Ust-Kut wird die Erschließung der Lagerstätte im Angara-Ilim-Becken beschleunigen.

Von außergewöhnlicher Bedeutung ist das Vorkommen von Korschunowo mit Vorräten von 322 Millionen Tonnen bei einem durchschnittlichen Fe-Gehalt von 32 Prozent. Diese Erze eignen sich gut für die Magnetscheidung. Sie können teilweise im Tagebau gefördert werden. Die erste Erzgrube wird in nächster Zeit in Betrieb genommen werden. Erze aus diesem Vorkommen werden noch vor Inbetriebnahme des Hüttenwerkes von Taischet im westsibirischen Hüttenwerk verarbeitet.

Das zweite bedeutende Vorkommen ist das bei Rudnogorskoje, dessen industriell nutzbare Vorräte 209 Millionen Tonnen betragen. Das Erz enthält annähernd 46 Prozent Eisen. Das günstige Verhältnis zwischen sauren und basischen Bestandteilen ermöglicht es, das Erz ohne vorhergehende Aufbereitung wirksam einzuschmelzen.

Beträchtliche Eisenerzvorkommen finden sich auch im Süden der Region Krasnojarsk, vor allem im Chakassischen Autonomen Gebiet. Unter einer Reihe von Vorkommen verdient auch das von Abakan Erwähnung, das bereits abgebaut wird und das Kusnezker Kombinat beliefert, ferner die Vorkommen bei Teisk, Ansask, Irbinsk u. a. Die erkundeten Vorkommen dieses Gebietes belaufen sich auf mehr als 350 Millionen Tonnen. Die Arbeiten zum Aufsuchen von Eisenerzen sind hier im Vergleich zu den Arbeiten in Gornaja Schorija und im Altai etwas zurückgeblieben. Nach Überwindung dieses Rückstandes kann man damit rechnen, daß die Erzvorkommen im Süden der Region Krasnojarsk 500 bis 600 Millionen Tonnen betragen werden.

Das größte Eisenerzbecken Ostsibiriens ist das Angara-Pit-Becken, dessen erkundete Vorkommen eine Milliarde Tonnen überschreiten und dessen gesamte Vorräte unter Berücksichtigung der tiefer gelegenen Schichten auf drei bis fünf Milliarden Tonnen geschätzt werden. Die Erze dieses Beckens gehören zu den Hämatiterzen. Sie enthalten geringe Eisenmengen und weisen erhöhte unerwünschte Beimengungen von Kieselerde auf. Die reichsten Hämatiterze des Vorkommens von Nishne-Angarsk enthalten bis zu 52,7 Prozent Eisen, die armen Hämatit-Sanderze 37,3 Prozent.

Diese Erze gehören zum großen Teil zu den durchschnittlichen und schwer aufbereitbaren Erzen, sie erfordern die Anwendung des Magnetisier-Röstverfahrens und der Magnet- oder Massenkraft-Schwimmaufbereitung. Ein erheblicher Teil von ihnen wird im Tagebau gefördert. Mit der Erschließung dieses Vorkommens wird nach Abschluß des Baus der Eisenbahnlinie Atschinsk-Jenisseisk und der Verlängerung bis zum Angara-Pit-Becken begonnen. Der Bau dieser Strecke ist mit Schwierigkeiten verbunden, da zu diesem Zweck ein Übergang über den Jenissei geschaffen werden muß. Aber an Stelle einer Brükke kann auch der Staudamm des Wasserkraftwerks am Jenissei benutzt werden, über den die Eisenbahnlinie verlaufen wird.

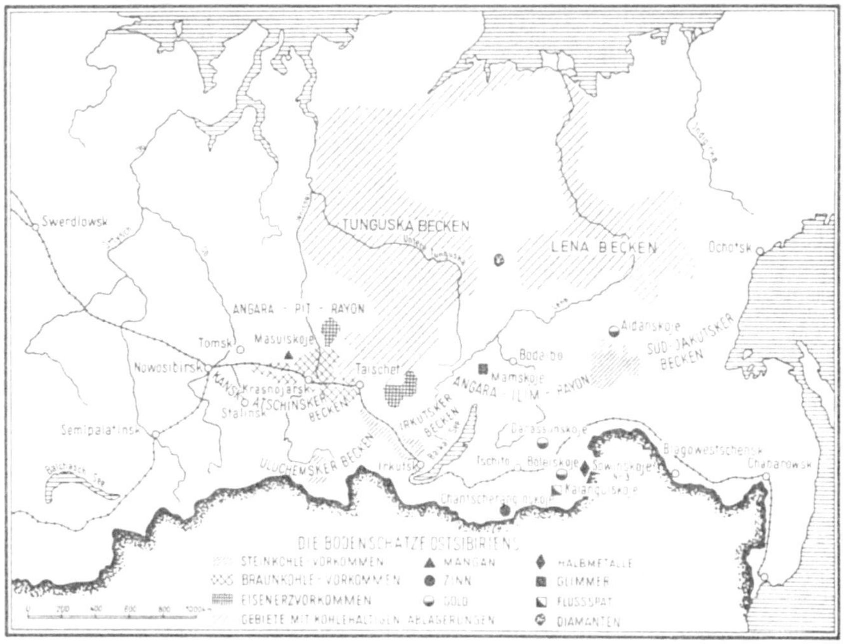

Beträchtliche Erzvorkommen mit einem hohen Eisengehalt sind ebenfalls im Rayon Turuchansk entdeckt worden. Diese Vorkommen, die in den nördlichen Teilen eines wenig erschlossenen Gebietes weit entfernt von jeder Eisenbahnstrecke liegen, sind nur als zukünftige Reserve der sibirischen Hüttenindustrie anzusehen, die bis jetzt keinerlei praktische Bedeutung besitzt.

Auch im Transbaikalgebiet und im Fernen Osten hat sich die Lage in bezug auf Eisenerze gebessert. Eine Reihe von Vorkommen ist im Gebiet von Tschita entdeckt worden. Von ihnen verdienen die Lagerstätten von Berjosowo und von Jakowlew das größte Interesse, die sich auf 230 Millionen Tonnen mit einem durchschnittlichen Fe-Gehalt von 30 Prozent belaufen. Ihre Gesamtvorräte betragen 590 Millionen Tonnen.

Im Süden der Jakutischen ASSR ist das Süd-Aldan-Eisenerzbecken mit mehr als 600 Millionen Tonnen Erz mit einem Fe-Gehalt von 30 bis 50 Prozent entdeckt worden. Dieses Becken befindet sich 500 km nördlich von der Eisenbahnlinie, in der Zone des ewig gefrorenen Bodens, in einem schwachbesiedelten Taigagebiet. Es ist zu erwarten, daß sich das gesamte Vorkommen auf annähernd zwei Milliarden Tonnen beläuft. Die angeführten Tatsachen zeigen, daß Ostsibirien riesige Vorkommen an Eisenerzen besitzt, die viele Milliarden Tonnen zählen. Die vielfältigen und reichen Erzvorkommen Ostsibiriens schaffen die Basis für eine großangelegte Entwicklung der Eisenhüttenindustrie in diesem Gebiet. Die hiesigen Lagerstätten können mehrere moderne Großbetriebe mit Rohstoff versorgen.

Die Aufgabe der Geologen, der Aufbereitungsfachleute und Wirtschaftsfunktionäre besteht nun darin, die für die Entwicklung des Eisenhüttenwesens in den östlichen Gebieten am zweckmäßigsten gelegenen Orte ausfindig zu machen, an denen das Eisenerz mit dem geringsten Aufwand abgebaut werden kann und wo günstige Lebensbedingungen für die Menschen vorhanden sind."

Die Brennstoffvorräte Ostsibiriens[1])

Sibirien besitzt eine zuverlässige Brennstoffbasis für eine großzügige Entwicklung der Hüttenindustrie. Die gesamten bekannten Kohlevorkommen der UdSSR belaufen sich auf 8,7 Billionen Tonnen, davon entfallen auf Ostsibirien 6,8 Billionen oder annähernd 80 Prozent der Weltkohlevorräte. Die Kohleressourcen Ostsibiriens übertreffen die sämtlicher kapitalistischer Länder zusammengenommen. Obwohl dieses Gebiet kolossale Kohlevorkommen aufweist, sind diese bisher nur wenig erforscht, und bis heute sind nur sehr geringfügige Vorkommen an verkokbarer Kohle entdeckt worden. Die qualitativ wertvollsten Kohlevorkommen befinden sich in der Jakutischen ASSR, im Tschulmansker oder Süd-Jakutsker Becken. Dieses Vorkommen bietet eine ausgezeichnete Brennstoffbasis für die Eisenhüttenindustrie östlich des Baikal-Sees.

In den übrigen Gebieten hat man bisher hauptsächlich Steinkohle, und zwar Gaskohle, entdeckt, insbesondere in den Irkutsker (Tscherjomchowskoje, Nowometelkinskoje u. a.) und Chakassen-Minusinsker Becken.

Die Uluchemsker Steinkohle eignet sich zwar für die Verkokung, sie liegt jedoch von den in nächster Zeit abzubauenden Eisenerzvorkommen und metallurgischen Basen zu weit entfernt. Außerdem ergibt sie bei der gegenwärtigen Verkokungstechnologie nicht ohne weiteres Koks guter Qualität. Letzterer kann nur durch einen Zusatz von 40 bis 50 Prozent Kusnezker Kohle erzielt werden.

Von besonderer Bedeutung für die Volkswirtschaft sind die Kohlebecken im südlichen Teil Sibiriens, darunter des Kusnezker, dessen Vorräte 905 Milliarden Tonnen betragen, ferner die Vorkommen bei Kansk-Atschinsk[2]) in der Region Krasnojarsk mit mehr als 1220 Milliarden Tonnen, bei Irkutsk mit 89 Milliarden Tonnen, bei Minusinsk mit 37 Milliarden Tonnen und bei Tuwinsk mit 18 Milliarden Tonnen. Eine wichtige Rolle spielten auch das kürzlich entdeckte Aldaner Becken im Süden der Jakutischen ASSR und das Tamyrsker Becken (583 Milliarden Tonnen).

Jedoch bei weitem nicht alle dieser Kohlebecken können verkokbare Kohle liefern. Die Hauptbrennstoffbasis für die sibirische Hüttenindustrie ist das Kusnezker Becken, in Zukunft wird es das Aldaner Kohlebecken sein. Die Gesamtvorräte an verkokbarer Kohle im Kusbass sind sehr groß. Jedoch die Vorräte an besonders wertvoller verkokbarer Kohle und Fettkohle sind beschränkt. In einer Tiefe bis zu 300 m entfallen auf den Anteil verkokbarer Kohle hier 2,5 Prozent der Ressourcen, und der Anteil der Fettkohle (primäre Fettkohle) beträgt 3,8 Prozent. Besonders wertvoll für die Verkokung ist die Kohle der Sorte K, die im Prokopjewsk-Kisselewsker Rayon konzentriert ist. Das Vorkommen ist jedoch nicht groß.

Bedeutende Mengen verkokbarer Kohle besitzt das Aldaner Becken. Seine Vorräte werden auf 40 Milliarden Tonnen geschätzt, wobei 90 Prozent verkokbar sind. Obwohl dieses Kohlebecken sehr wertvoll ist, darf man nicht die Augen vor den ernsten Schwierigkeiten verschließen die der Schaffung, einer entwickelten Kohleindustrie in dieser rauhen, schwachbesiedelten und von der sibirischen Hauptstrecke weit entfernten Gegend im Wege stehen.

Einige Becken und Lagerstätten dieser Region weisen große Mengen von Gaskohle auf. Das Kusnezker Becken z. B. besitzt annähernd zu einem Drittel Gaskohle. Diese ist auch in bedeutenden Mengen im Irkutsker Becken anzutreffen, hauptsächlich in den neuen Gebieten, vor allem im Gebiet Nowo-Metelkinsk. Gaskohle findet sich auch im Minusinsker Becken, in der Lagerstätte von Sajano-Partisansk, im Kansk-Atschinsker Becken und anderen Gebieten. Von den Gesamtvorräten des Kusbass gehören 21 Prozent zu den

[1]) I. P. BARDIN „Die Eisenhüttenindustrie Ostsibiriens". In „Beiträge zur Entwicklung der Produktivkräfte Ostsibiriens", Sonderbeilage zur „Presse der Sowjetunion" Nr. 116 v. 3. 10. 58.

[2]) im Tagebau abbaubar

schwachbackenden Kohlen der Sorte SS. Aber sowohl die Gaskohle als auch die schwachbackende Kohle können bei dem Stand der modernen Verkokungstechnik in beschränktem Umfang verwendet werden.

Unter diesen Bedingungen gewinnt die Erweiterung des Bereichs verkokbarer Kohle immer größere Bedeutung. In dieser Richtung wird in der Sowjetunion bereits seit 20 Jahren gearbeitet. Im Labormaßstab und im Betriebsversuch ist nachgewiesen worden, daß Gaskohle und schwachbackende Kohle einen weitaus größeren Anteil der Koksbeschickung bilden, können als bisher angenommen wurde.

Wie die Arbeiten des Östlichen Kohlechemischen Instituts zeigen, bestehen in Sibirien alle Voraussetzungen dafür, Hochöfen mit großer Leistung mit Koks zu beschicken, dessen Anteil an Gaskohle nicht 10 bis 12, sondern 25 bis 30 Prozent beträgt. Dieses Verfahren ist für die kokschemische Industrie Ostsibiriens von besonderem Interesse, da hier mit Ausnahme des Aldaner Beckens fast gar keine verkokbare und Fettkohle vorhanden ist, aber dafür ausgedehnte Vorkommen an Gaskohle. Außerdem haben Wissenschaftler in den vergangenen Jahren eine Methode der petrographischen Aufbereitung ausgearbeitet, bei der die Eigenschaften schwachbackender Kohle der Sorte SS denen der Magerkohle angeglichen werden. Somit ist es möglich, diese Kohle in der Hüttenindustrie weitgehend zu verwenden.

Es gilt jetzt, von den Laborversuchen und dem Versuchsbetrieb zu der industriellen Erprobung des neuen Verfahrens überzugehen und insbesondere die „Tief"-Aufbereitung, die selektive Zerkleinerung und die petrographische Aufbereitung anzuwenden.

Die Brennstoffbasis für die Eisenhüttenindustrie Ostsibiriens kann erheblich erweitert werden, wenn das Problem der neuen Technik der kontinuierlichen Verkokung gelöst wird.

Im Moskauer Chemisch-Technologischen Institut „D. I. Mendelejew" werden Forschungsarbeiten über die kontinuierliche Verkokung in Ringöfen durchgeführt. Der erste Versuchsofen dieser Art wird in diesem Jahr im Nishne-Tagiler Kombinat errichtet.

In der UdSSR und in einer Reihe anderer Länder wird an der Herstellung von „Eisenkoks" gearbeitet; das sind Briketts, die eine geringe Menge fein zerkleinertes Eisenerz enthalten. Dazu können fast alle Steinkohlensorten verwendet werden. Es wird notwendig sein, die Forschungen in dieser Richtung fortzusetzen." E.

Erdölleitung Sowjetunion—Deutsche Demokratische Republik

Wie der Stellvertretende Vorsitzende des Staatlichen Komitees für die Chemische Industrie beim Ministerrat der UdSSR, S. TICHOMIROW, mitteilte, wird die geplante Erdölleitung von der Sowjetunion nach Polen und der DDR bereits projektiert. Die Zuleitungen aus den südlichen Erdölgebieten der SU sind größtenteils schon vorhanden.

TICHOMIROW betonte, daß erst die in den letzten Jahren erforschten riesigen Vorkommen an Erdgas und Erdöl die Voraussetzungen für ein umfassendes Programm zur Entwicklung der chemischen Industrie mit rationellen und billigen Rohstoffen erbrachten. Er hob hervor, daß die enge Zusammenarbeit der sozialistischen Länder für eine rasche und allseitige Entwicklung ihrer chemischen Industrie sehr wichtig sei. Bei der Herstellung von Chemieausrüstungen sollten die in Frage kommenden Länder, vor allem die Sowjetunion, die DDR und die ČSR, ihre Programme gegenseitig abstimmen. Jedes sozialistische Land solle die seinen Rohstoffvorräten entsprechende chemische Produktion entwickeln, aber wo es notwendig sei, auch durch einen Rohstoffaustausch die Möglichkeiten zur Fertigung mit derzeit billigsten und günstigsten chemischen Ausgangsstoffen erhalten. Deshalb werde auch die Sowjetunion der DDR bedeutende Mengen Erdöl liefern. E.

Zur Frage der Erdöllagerstätten

Die Deutsche Gesellschaft für Mineralölwissenschaft und Kohlechemie hatte vom 30. 9. bis 2. 10. 1958 ihre Jahrestagung in Goslar abgehalten, auf der unter anderem folgendes festgestellt wurde:

In der Frage der Lagerstätten wurden durch Anwendung neuer Verfahren der Mikroanalyse und der Massenspektrographie neue Erkenntnisse gewonnen. Die Ölmigration in senkrechter und waagerechter Richtung ist bedeutend umfangreicher, als man bisher angenommen hatte. Im sog. Muttergestein ist mehr Öl vorhanden als in den eigentlichen Öllagerstätten selbst. Nicht nur marine oder brackisch-terrestrische Strukturen, sondern auch Süßwasserbecken lassen auf Ölvorkommen hoffen. So ergeben sich ganz neue Gesichtspunkte einer künftigen Erschließung dieser Rohenergie. Auch neue Verfahren, wie die unterirdische Verbrennung von Öl, die allerdings erst im Laboratorium erforscht ist, lassen eine Steigerung der künftigen Ausbeute erhoffen. E.

(nach VDJ-Nachrichten, Nr. 21. v. 11. 10. 58. S. 15.)

Sonde Plön-Ost 1

Die holsteinische Aufschlußbohrung Plön-Ost 1 ist in einer Tiefe von 2575—2588 m eruptiv ölfündig geworden. Mit der Bohrung, die bei dem Dorf Kalübbe steht, wurde erstmals die Ölführung der Doggerformation am Ostrand des ostholsteinischen Juratroges im Raum Plön untersucht. Mit Plön-Ost ist das bisher tiefste Ölvorkommen Deutschlands erschlossen worden. Die Ausdehnung und Ergiebigkeit der Lagerstätte kann naturgemäß erst nach dem Vorliegen weiterer Bohrergebnisse beurteilt werden. Eine nördliche Erweiterungsbohrung ist bereits im Aufbau begriffen. E.

Erdöl/Jugoslawien

Die jugoslawischen Wirtschaftspläne sehen die Steigerung der Inlands-Rohölproduktion von 300000 auf 8 Mio t im Jahr bis 1965 vor. Die ersten Jahrespläne enthalten eine Produktionssteigerung auf 920000 t bis Ende 1961. Die Geldmittel, die in den nächsten 4 Jahren in neue Bohrausrüstungen investiert werden müßten, werden auf mehr als 40 Mrd. Dinar (ca. 47,6 Mio. Ł) geschätzt, und weitere 40 Mrd. Dinar werden bis Ende 1965 benötigt. 1939 betrug die jugoslawische Erdölproduktion nur 1222 t. Die reichsten Erdölvorkommen liegen im Nordosten des Landes, jedoch ist auch in Kroatien, Serbien und Slowenien Öl gefunden worden. E.

Erdöl/Sizilien

Auf dem Mineralöl-Kongreß in Piacenza bei Mailand wurde festgestellt, daß die Aussichten zur Erhöhung der sizilianischen Erdölproduktion günstig seien. Im Jahre 1958 werde das Feld Gela eine Förderung von 600000 t Rohöl erreichen. Es bestehe aber die Möglichkeit, in kurzer Zeit 3 Mio jato zu fördern. Anlaß zu diesen optimistischen Voraussagen gab die Tatsache, daß eine Erkundungsbohrung in der Nähe der Küste auf Erdgas fündig geworden war, die je Tag 50000 m^3 ausgab. Die Jahresproduktion auf den Erdölfeldern bei Ragusa hat 1,5 Mio jato überschritten und dürfte bald 2 Mio jato erreichen. E.

Ölschieferfunde/Nordchina

Die bisher größten Ölschiefervorkommen, die ein Gebiet von 2000 km^2 bedecken, wurden im Nordteil der Heilungkiang-Provinz in Peian entdeckt. Die Vorräte wurden auf 1,2 Mrd. t berechnet. Der Ölschiefer ist 30 m mächtig, sein Durchschnittsgehalt an ausbringbarem Öl beträgt oberflächenah 6%, erreicht aber mitunter auch 10%. Die Lagerstätte liegt unter geringem Deckgebirge und kann im Tagebau abgebaut werden. Die Eisenbahnlinie von Harbin nach Tsitsihar durchkreuzt das fündige Gebiet, so daß die Lagerstätte auch transportlich günstig liegt. E.

Ölfund/Jemen

Bei geologischen Untersuchungen wurden im August 1958 in der Umgebung von Hodayeda, 6 km von der Küste entfernt, wichtige Erdölanzeichen festgestellt. Die Entdeckung gelang während einer Wasserbohrung, die von tschechoslowakischen Fachleuten durchgeführt wurde. Die Wasserbohrungen wurden daraufhin eingestellt.

Die Regierung des Jemen hat Erdölsachverständige eingeladen, um das Gebiet von Hodayeda erdölgeologisch untersuchen zu lassen. E.

Erdöl/Syrien

Wie der syrische Planungsminister IBARA am 6. 9. 1958 mitteilte, sind in Nord-Syrien in der Nähe der irakischen Grenze Ölvorkommen größerer Ausdehnung entdeckt worden. Man nimmt an, daß in absehbarer Zeit 2 Mio t Rohöl pro Jahr aus dem neuen Vorkommen gewonnen werden können. Sowjetische Experten, die zur Prüfung der fündig gewordenen Sonden angefordert worden waren, berechneten den Vorrat des neuen Vorkommens auf ca.

150 Mio t gewinnbaren Rohöls. Durch Anwendung sekundärer Fördermethoden könnte diese Menge erheblich erhöht werden. E.

Synthetisches Benzin/Australien

Bis 1963 sollen in Australien jährlich 80 Mill. Gallonen[1]) synthetisches Benzin aus Braunkohle erzeugt werden. Für die Gewinnung einer Gallone Benzin werden 18 kg einheimischer Braunkohle benötigt. Die Herstellungskosten des synthetischen Benzins werden, wie die Melbourne Gas and Fuel Corporation bekanntgibt, höher liegen als bei gewöhnlichem Benzin. —z—

[1]) 1 Gallone = 4,55 l.

Bauxit- und Kohlevorkommen/Jugoslawien

Wie eingehende Untersuchungen über die Möglichkeit der Errichtung eines großen Aluminiumkombinats in Dalmatien ergaben, sind die Bauxitvorkommen in diesem Gebiet bedeutend umfangreicher, als man ursprünglich vermutet hat. Die Vorkommen, die sich von Novigrad bis Imotsko erstrecken, stellen allein am „Novigrader Meer" für mehrere Jahrzehnte eine jährliche Aluminiumerzeugung von 50000 t sicher. Mit der Entdeckung großer Lignitvorkommen bei Livno und Braunkohlenlager bei Duvno besteht die Möglichkeit, nicht nur den gesamten Energiebedarf der Aluminiumhütte zu decken, sondern auch die übrige dalmatische Industrie aus Kraftwerken, die in der Nähe der künftigen Kohlenbergwerke errichtet werden sollen, zu versorgen. Es wird aber auch erwogen, den Energiebedarf des Aluminiumkombinats, das von der Bauxitförderung über die Tonerdegewinnung bis zur Aluminiumerzeugung und Halbzeugproduktion alle Sparten der Aluminiumindustrie umfassen soll, durch Wasserkraftwerke zu decken. Die Pläne für das gesamte Vorhaben können vorläufig noch nicht abgeschlossen werden und hängen weitgehend von der Gewährung ausländischer Kredite ab. —sch—

Braunkohle/Griechenland

Wie die griechische Regierung bekanntgab, soll die Braunkohlenförderung im Gebiet von Ptolemäus von 2 Mio auf 6 Mio t je Jahr erhöht werden. Gleichzeitig soll in diesem Bezirk ein Wärmekraftwerk mit einer Kapazität von 110000 kW entstehen. —z—

Uranbergbau/Italien

Italien will bis 1962 aus den See-Alpen und den Alpen im Gebiet des Grödnertales 350 t Uran gewinnen. Die geologischen Erkundungsarbeiten sollen zum Nachweis von 110 t sicherer, 150 t wahrscheinlicher und 650 t möglicher Vorräte in den See-Alpen sowie 73 t sicherer, 1100 t wahrscheinlicher und 7500 t möglicher Vorräte im Grödnertal geführt haben.

Die Lagerstätte in den See-Alpen besteht aus Erzlinsen, die in metamorph stark veränderte porphyrische Schiefer eingebettet sind. Im Gebiet von Piemont, Südtirol, Sardinien und Kalabrien werden weitere Uranvorkommen vermutet. —sch—

Uran/USA

Nach Angaben der USA-Atomenergiekommission wurden die Vorräte an Uranerzen der Vereinigten Staaten im Jahre 1958 auf 71,2 Mio t geschätzt. Zu diesem Zeitpunkt arbeiteten im Lande 18 uranverarbeitende Betriebe einschließlich der Regierungsbetriebe im Staat Utha. In der zweiten Hälfte des Jahres 1958 sollen einige neue Anlagen in Betrieb genommen worden sein. —z—

Uranerzvorräte/Kanada

Nach neuen Schätzungen des Departement of Mines and Technical Surveys betragen die kanadischen Uranerzvorräte jetzt rd. 339 Mio t mit einem Metallinhalt von 350000 t U_3O_8. 1956 betrugen die Vorräte 229 Mio t mit rd. 241000 t Uranoxyd. Der Zuwachs von 110 Mio t Uranerzen erklärt sich dadurch, daß neue Untersuchungsergebnisse von den Blind-River-Vorkommen vorliegen, deren Erzvorräte sich allein auf etwa 325 Mio t belaufen. —z—

Titan/Finnland

Finnische und schwedische Firmen wollen jetzt in der Nähe von Mäntyluoto ein Titanwerk errichten. Die Anlage, die jährlich 16000 t Titankonzentrate erzeugen wird, soll zum größten Teil für den Export arbeiten. —sch—

Das bulgarische Hüttenkombinat in Kremikowzi

Im „Technitschesko Delo", Sofia, 10. 7. 1958, veröffentlichte Z. GEORGIEW einen Beitrag, dem wir folgendes über die Rohstofflage und den Bau des Hüttenwerkes in Kremikowzi entnehmen:

18 km nordöstlich von Sofia wurde von bulgarischen Geologen in den Ortschaften Slogowete und Pydarski Kolobi eine Erzlagerstätte festgestellt, die etwa 250 Mio t Eisenerz liefern kann.

„Die Mächtigkeit dieses Erzvorkommens schwankt zwischen 2 und 260 m. Das Erzlager liegt nicht sehr tief, wodurch die Gewinnung im Tagebau möglich ist. Beim Abbau wird neben Kies und anderen Materialien auch Kalkstein gewonnen. Dadurch wird unser Land große Mengen an billigem Baumaterial erhalten. Der durchschnittliche Eisengehalt des Erzes aus Kremikowzi beträgt etwa 31%. Neben Eisen enthält es Baryt, Mangan, Blei und andere Bestandteile. Die wissenschaftliche Forschungsarbeit in der Deutschen Demokratischen Republik, in der Sowjetunion und bei uns hat ergeben, daß Baryt bei der Aufbereitung des Erzes und Blei beim Sintern abgeschieden werden können.

Die Direktiven des 2. Fünfjahrplans sehen vor, bis 1962 in der Nähe von Kremikowzi einen Eisenerztagebau mit einer Leistung von etwa 1 Mio t Erz jährlich zu errichten. In den nächsten Jahren wird dieser Tagebau erweitert werden, um 3—5 Mio t Erz jährlich zu liefern. Zur Zeit gibt es einen Eisenerztagebau mit einer ähnlichen Leistung weder auf der Balkanhalbinsel noch in ganz Mitteleuropa." . . .

„Aus der Aufbereitungsanlage wird das von Baryt und einigen anderen Beimengungen freie Eisenerz über Förderbänder in die Sinteranlage weitergeleitet. Die Länge der in unterirdischen Tunnels installierten Bänder wird etwa 1,5 km betragen. In der Sinteranlage wird das feingemahlene, etwa 51% Eisen enthaltende Eisenkonzentrat gesintert und bei 1100—1300° C zu Sinterkuchen verarbeitet. Gleichzeitig mit dem Sintern wird das Blei mittels Kalziumchlorid abgeschieden." . . .

„Das neue Hüttenwerk wird u. a. über eine Hochofen-, eine Martinofen- und eine Walzabteilung verfügen. Im Jahre 1965 wird das Werk viermal mehr Roheisen liefern als gegenwärtig das Werk ‚Lenin'." . . . E.

Eisenerzvorkommen/Kanada

Die auf drei Mrd. t geschätzten Eisenerzvorkommen von Ungava in Nordquebec sollen jetzt mit amerikanischer und westdeutscher Beteiligung abgebaut werden. Die bergmännische Erschließung beginnt, sobald die Finanzierung, der Ausbau der Eisenbahnlinien und die wirtschaftliche Verwertung vertraglich gesichert sind. Die geplante Anlage, die mit 200 Mill. Dollar veranschlagt wird, soll jährlich 5 Mio t Eisenerz fördern. —z—

Eisenerzvorkommen/Chile

Wie aus chilenischen Bergbaukreisen bekannt wird, soll in einem nicht näher bezeichnetem Gebiet an der argentinischen Grenze in ungefähr 3500 m Höhe ein bedeutendes Eisenerzvorkommen entdeckt worden sein. Es wird als das größte der Welt bezeichnet. —sch—

Eisenerz/Liberia

Der Präsident von Liberia hat westdeutschen Industriellen eine 70jährige Eisenerzkonzession in Liberia erteilt. Die vorgesehenen Erkundungsarbeiten werden sich auf ein Gebiet von 300 Quadratmeilen erstrecken. 80 Meilen von Monrovia entfernt wurde bereits ein neues Eisenerzvorkommen entdeckt. —z—

Kupfer/Welt

Die im Herbst 1958 durchgeführte UN-Konferenz über die Weltkupferlage forderte von den Mitgliedstaaten in einem Abschlußkommunique Stellungnahmen zu der Forderung, daß die allgemeinen Bestimmungen für das Exportniveau von Erzkonzentraten auf eine bestimmte Zeit, ein Jahr oder weniger, reduziert werden sollen. Ferner wird die Schaffung einer Überprüfungsbehörde, die Verringerung der Bergbau- und Schmelzereiproduktion sowie die Bildung einer Studiengruppe zur Untersuchung langfristiger Blei- und Zinkprobleme angeregt. —z—

Erzsorten bei Blei-Zink-Erzen[1]

Nach dem Gehalt an Blei, Zink und Begleitelementen werden verschiedene Erzsorten unterschieden, z. B.
1) reiche polymetallische Erze,
2) arme polymetallische Erze,
3) polymetallische Erze mit nicht abbauwürdigem Gehalt des Metalls oder der Metalle.

Die Begriffe reiche, arme und nicht abbauwürdige Erzsorten sind variabel und hängen von vielen Faktoren ab, und zwar speziell von der Produktivität des angewandten Abbausystems, vom Charakter des angewandten technologischen Schemas für die Verarbeitung der Erze, für das Schmelzen der Konzentrate und für die Gewinnung des Metalls oder der Metalle, ferner von der Kapazität der Montanbetriebe usw.

Auf der Basis der heutigen Erfahrungen, die in den Montanbetrieben der Buntmetallurgie der UdSSR vorliegen, können diese Sorten etwa folgendermaßen festgelegt werden: Erze mit einem Bleigehalt über 4% oder einem Blei-Zink-Gehalt von 7% können zur reichen Sorte der polymetallischen Erze gerechnet werden. Als arme Erze gelten Erze mit einem Bleigehalt von 1,5–2% oder einem Blei-Zink-Gehalt nicht unter 4%.

Erze mit einem Bleigehalt von 2–4% oder einer Summe der Metalle von 4–7% gehören zu den mittelreichen Erzen.

Als nicht abbauwürdig gelten Erze, in denen der Bleigehalt unter 1% oder die Summe von 2 oder 3 Metallen unter 1,5% liegt. Diese Erze gelten deshalb als Außerbilanzvorräte, weil der untere Bortgehalt[2] des Bleis bei der Berechnung der Vorräte für Lagerstätten mit großen Vorräten bisher von 0,7–1% angenommen wird. Bei kleinen Lagerstätten wird der Bortgehalt nicht unter 1% angenommen. Daneben kann in Einzelfällen der Bortgehalt des Bleis auf 0,5% herabgesetzt werden, wenn große Vorräte polymetallischer Erze im Tagebau zu gewinnen sind.

[1]) Aus dem Buch „Haupttypen der Blei-Zink-Lagerstätten" (russisch) von A. A. AMIRASLANOW. Gosgeoltechisdat, Moskau 1957, S. 33–34.
[2]) Der Bortgehalt im Erz ist die untere Grenze des Gehalts der nutzbaren Komponente in den Proben, die in den Berechnungsumriß einbezogen werden können. (Nach A. P. PROKOFJEW, „Vorratsberechnung mineralischer Rohstoffe", VEB Verlag Technik Berlin, 1956, S. 133.)

Oe.

Kali/Israel

Israels Kaliproduktion betrug 1958 etwa 100000 t gegenüber 80000 t im Jahre 1957. Davon wurden in den ersten neun Monaten des Vorjahres 55000 t exportiert. In diesem Jahre sollen 135000 t gefördert werden. -z-

Synthesekautschukanlage/Westdeutschland

In Marl in Westfalen wurde jetzt die „Bunawerke Hüls GmbH." als erste große Synthesekautschukanlage Westdeutschlands nach dem Kriege in Betrieb genommen. Die mit einem Kostenaufwand von 180 Mill. DM errichtete Anlage wird zunächst mit 400 Mann Belegschaft 45000 t synthetischen Kautschuk jährlich produzieren und damit ein Viertel des gegenwärtigen Inlandbedarfes decken. Später soll eine Produktion von 70000 bis 90000 t je Jahr erreicht werden. -sch-

Konstruktion für Tiefbohrtechnik

In der Zeitschrift „Technik und Forschung" wird u. a. ein Dreikegel-Rollenmeißel beschrieben. Danach ist der Lagerzapfen mit dem Rollenkörper aus einem Stück geschmiedet. Der Führungszapfen selbst ist mit Hartmetall belegt und bietet dadurch eine zusätzliche Stütze und Entlastung für die Lagerungen der konischen Schneidrollen, so daß diese ausschließlich die radialen und axialen Kräfte aufnehmen können. Außer der üblichen Kugellagerung werden noch zylindrische Rollen verwendet. Die zylindrischen Rollenlager nehmen nur die radiale Belastung auf. Dadurch wird erreicht, daß sich die Enden der zylindrischen Rollen nicht in die Laufbahn eindrücken können.

Die schneidenden Flächen der Rollenmeißel sind mit einer zähharten Wolframkarbid-Legierung belegt, einem Metall von außergewöhnlicher Härte. Besonders kräftig werden die Schneidkegel am äußeren Umfang belegt, um den äußeren Schneid-Durchmesser gegen vorzeitige Abnutzung zu schützen.

Ferner wird ein Drehtisch für Rotary-Tiefbohrgeräte beschrieben, bei dem 2 kräftige Spezial-Längs-Schräg-Kugellager verwendet werden, die vertikale und radiale Kräfte aufnehmen, die auf die Drehtischplatte wirken. Diese Ausführung gestattet es, ohne wesentliche Erwärmung mit Drehzahlen bis zu 300 U/min zu arbeiten. Der Drehtisch ist mit einer explosionsgeschützten, elektrischen Drehzahlanzeigevorrichtung ausgerüstet. TRIMBUR

(aus „Technik u. Forschung", 1958, S. 417–420)

Facharbeiterausbildung für Tiefbohrtechnik

Seit 1954 werden in der Betriebsberufsschule des VEB Erdöl und Erdgas in Gommern Facharbeiter für Tiefbohrungen, Dreher, technische Zeichner, Industriekaufleute für den eigenen Betrieb und den VEB Geologische Bohrungen ausgebildet. Nach Beendigung der Lehrzeit muß der Facharbeiter für Tiefbohrungen folgende Kenntnisse besitzen: Grundfertigkeiten auf dem Gebiet der Metallbearbeitung; Aufstellung, Bedienung und Wartung eines Bohrturmes einschließlich der technischen Anlagen; Tiefbohrtechnik und Spülungstechnik, geologische Grundkenntnisse.

-sch-

Zentraler Arbeitskreis für Geodäsie, Photogrammetrie und Kartographie

Um den Einfluß der Wissenschaften auf die technische Entwicklung zu verstärken, wurde am 6. Juni 1957 der Forschungsrat der Deutschen Demokratischen Republik gegründet. Dadurch trat die Forschungsarbeit in der DDR in ein neues Stadium. Die Zahl der Mitglieder des Forschungsrates ist auf 45 festgesetzt; Prof. Dr. E. KAUTZSCH ist Mitglied dieses Forschungsrates. Da die Zahl für die verschiedenen Arbeitsgebiete nicht ausreicht, sind darüber hinaus eine Anzahl Zentraler Arbeitskreise für Forschung und Technik gebildet worden.

Der Zentrale Arbeitskreis für Geodäsie, Photogrammetrie und Kartographie ist am 27. Juni 1958 gegründet worden und hat 15 Mitglieder, die den verschiedenen geodätischen und verwandten Institutionen angehören. Prof. Dr. habil ZILL, Inhaber des Lehrstuhls für Vermessungskunde an der TH Dresden, ist Vorsitzender; zum stellvertretenden Vorsitzenden wurde der Inhaber des Lehrstuhles für Landesvermessung an der TH Dresden, Prof. Dr.-Ing. PESCHEL, gewählt, während Dipl.-Ing. BERNATZKY vom Geodätischen Dienst Leipzig die Geschäfte des Sekretärs wahrnimmt.

Um die vielfältigen Forschungs- und Anwendungsgebiete der Geodäsie, Photogrammetrie und Kartographie intensiver bearbeiten zu können, ist das Stoffgebiet in 6 Arbeitsgruppen aufgegliedert, in denen je ein Mitglied des Zentralen Arbeitskreises den Vorsitz führt. Die Gruppen sind: Grundlagen der Geodäsie; Grundlagenmessungen; Allgemeine Vermessungen; Ingenieurmessungen und Markscheidewesen; Photogrammetrie und Topographie; Kartographie. In der zuletzt genannten Gruppe wird der Zentrale Geologische Dienst mitarbeiten.

Mie.

Behörde für Weltraumforschung

Auf einstimmigen Beschluß des „Internationalen Rates der wissenschaftlichen Gesellschaften" ist in Washington eine Behörde für Weltraumforschung ins Leben gerufen worden, der neben sowjetischen und amerikanischen Wissenschaftlern Spezialisten aus 72 Ländern angehören. Die Zusammenarbeit soll sich vor allem auf Forschungsapparaturen, auf die Beobachtung der Erdsatelliten und Bearbeitung wissenschaftlicher Daten erstrecken.

Der „Internationale Rat der wissenschaftlichen Gesellschaften" faßt als Spitzenorganisation wissenschaftliche Vereinigungen verschiedener Forschungsgebiete fast aller Länder der Erde zusammen. -z-

Neues Bohrerziehgerät[1]

Als Verbesserung beim Bohren verdient ein neues Bohrerziehgerät genannt zu werden. Mit ihm können alle festsitzenden Knäpper- und Monoblockbohrer sowie Hohlbohrstangen beliebiger Länge gezogen werden, ohne daß diese dabei beschädigt werden. Das Gerät arbeitet ähnlich wie der bekannte Bohrhammer, nur daß die Schlagrichtung entgegengesetzt ist. Der Zugbolzen wird mit der dafür vorgesehenen Aussparung üder das Stangenende geschoben, und man verkeilt ihn kraftschlüssig. Hierauf wird der Bohrer ohne große Kraftanstrengung vom Bedienungsmann aus jeder Richtug und Höhe, auch senkrecht nach unten, herausgezogen. Das Gerät hat ein Gewicht von etwa 15 kg. Die Schlagzahl beträgt 1580/min und der Luftverbrauch erreicht bei 5 atü etwa 2 m^3/min. SIEGMUND

[1]) Rückschau auf die Deutsche Industrie-Messe Hannover, Glückauf 94 (1958) H. 33/34, S. 1112.

MIX
Papier | Fördert gute Waldnutzung
FSC® C083411

Zeitfracht Medien GmbH
Ferdinand-Jühlke-Straße 7
99095 Erfurt, Deutschland
produktsicherheit@kolibri360.de